高等职业教育艺术设计类专业系列教材

居住空间设计

主　编　刘怀敏

副主编　谭黎明　陈世君

参　编　李　仙　王茂虎

主　审　夏万爽

机　械　工　业　出　版　社

本书是根据高等职业教育艺术教学的实际情况和高等职业教育艺术设计类专业课程的发展要求编写的，全书分三个部分：认识与准备、创意与表达、应用与赏析。主要介绍了居住空间类型、居住空间的发展与未来趋势、居住空间设计程序与方法等基础知识；为了增强高职学生的实践设计能力，强调了创意与表达在居住空间设计中的作用，从居住空间的功能设计、风格设计、家具设计、风水设计、色彩设计、材料设计到软装饰设计都进行了较为详细的介绍；同时，本教材特别增强了案例部分的分析欣赏，以期望能拓宽学生的设计视野。提升其设计思维能力。

本书可作为高等职业院校，高等专科学校，各类职工、函授大学，成人教育学院等大专层次环境艺术与室内设计专业课程的教材。同时也可作为广大自学者的参考用书。

图书在版编目（CIP）数据

居住空间设计/刘怀敏主编．—北京：机械工业出版社，2012.2（2024.7重印）

高等职业教育艺术设计类专业系列教材

ISBN 978-7-111-36865-6

Ⅰ．①居…　Ⅱ．①刘…　Ⅲ．①住宅—室内装饰设计—高等职业教育—教材　Ⅳ．①TU241

中国版本图书馆CIP数据核字（2011）第268578号

机械工业出版社（北京市百万庄大街22号　邮政编码100037）

策划编辑：李　莉　　责任编辑：李　莉　郑　佩

封面设计：鞠　杨　　版式设计：墨格文慧

责任印制：常天培

固安县铭成印刷有限公司印刷

2024年7月第1版第6次印刷

210mm×285mm・10.5印张・354千字

标准书号：ISBN 978-7-111-36865-6

定价：48.00元

电话服务　　网络服务

客服电话：010-88361066　　机　工　官　网：www.cmpbook.com

010-88379833　　机　工　官　博：weibo.com/cmp1952

010-68326294　　金　书　网：www.golden-book.com

机工教育服务网：www.cmpedu.com

前　言

居住空间设计是当今各高等职业院校艺术设计专业，特别是环境艺术设计专业的一门必修专业课程。针对高职高专艺术设计专业教材，我们提倡工学结合，突出“实用、够用、会用”的学习层面。因此，本书根据高职高专艺术教学的实际情况，结合作者多年的教学以及在实际设计工作中的经验，并参考了一些高职院校的教学成果和其他的相关文献资料，同时考虑到此类专业学生的实际基础和学习能力，确定了本书的编写思路，即创新、实用、活学活用。既有基础知识的了解和掌握，又有创意性的培养和表达，更重要的是通过实际的设计案例来直观地分析，从而引导学生的思维和提高其设计能力。

全书分三个部分：认识与准备、创意与表达、应用与赏析。本书以课题的方式，对未来工作中的实际的应用过程进行针对性地展开，解决居住空间设计中的问题。同时，对一些应用案例进行了解析，引导和欣赏，并希望以此来开启学生的眼界，拓展其设计思维能力。

本书由刘怀敏任主编，具体编写分工如下：课题一，课题二，课题八，课题九，课题十二中案例三、案例四由刘怀敏编写；课题三，课题四，课题五由陈世君编写；课题六由谭黎明编写；课题七由王茂虎编写；课题十，课题十一，课题十二中案例一、二由李仙编写。全书由夏万爽主审。

本书在编写过程中引用了相关的文献和图片资料，在此向其作者表示衷心感谢。同时本书的编写得到了机械工业出版社的支持和关心，再次深表谢意。

由于作者时间及能力的所限，本书难免有纰漏和不足，在此，真诚地希望大家提出宝贵意见，以便今后的修改和完善。

刘怀敏

目　录

前言

第一部分　认识与准备

课题一　居住空间类型 2
一、单元式居住空间 2
二、公寓式居住空间 3
三、跃层式居住空间 4
四、错层式居住空间 5
五、别墅式居住空间 6

课题二　居住空间的发展与未来趋势 8
一、居住空间的发展历程 8
二、居住空间的未来发展趋势 10

课题三　居住空间设计程序与方法 14
一、准备阶段 14
二、方案阶段 15
三、深化阶段 19
四、施工图完成阶段 19

第二部分　创意与表达

课题四　居住空间的再设计 22
一、有关空间 22
二、居住空间的类型 22
三、居住空间的分割 23

课题五　居住空间功能设计 31
一、居住空间的功能设置 31
二、功能区的划分设计 32
三、居住空间的几个主要区域的功能设计 36

课题六　居住空间风格设计 49
一、中式风格 49
二、欧式风格 50
三、简欧风格 50
四、现代风格 51
五、混搭 51
六、田园风格 52
七、波西米亚风格 53
八、现代简约风格 53
九、地中海风格 54
十、自然风格 54

课题七　居住空间家具设计 57
一、家具的类型 57
二、家具的作用 57
三、家具布置的一些原则 60
四、家具在空间中的位置形式 62
五、怎样合理布置家具 62

课题八　居住空间风水设计 65
一、方位与风水 65
二、家具布置与风水 69
三、色彩与风水 71
四、植物与风水 75

课题九　居住空间色彩设计 78
一、居住空间的色彩构成 78
二、居住空间的色彩分类 80
三、居住空间的色彩设计方法 82
四、居住空间色彩设计 84

课题十　居住空间材料设计 88
一、装饰材料的分类 88
二、装饰材料种类及应用 88

三、地面装饰材料……100
四、吊顶装饰材料……106
五、其他装饰材料……110
六、现代室内装饰材料的发展特点……116
课题十一　居住空间软装饰设计……119
一、软装饰的分类……119
二、软装饰在室内设计中的作用……120
三、软装饰的设计……125
四、软装饰对风格形式的强化作用……134

第三部分　应用与赏析

课题十二　典型设计案例……140
案例一……140
案例二……143
案例三……148
案例四……152
参考文献……161

1 第一部分

认识与准备

课题一 居住空间类型

课题概述：对居住空间常用的建筑构成类型和特征进行初步的介绍，并阐述其空间作用和功能，建立起空间的概念，为居住空间的设计奠定认知基础。

学习目的：通过本课题的学习，了解不同居住空间的概念，掌握其功能需求和作用。

一、单元式居住空间

单元式居住空间是现代社会的一种主要住宅建筑空间形式。它是指在多层、高层建筑中，通过公共交通空间（楼梯或电梯），为2～8户（或多户）提供服务的住宅单元的组合形式，如图1–1、图1–2所示。

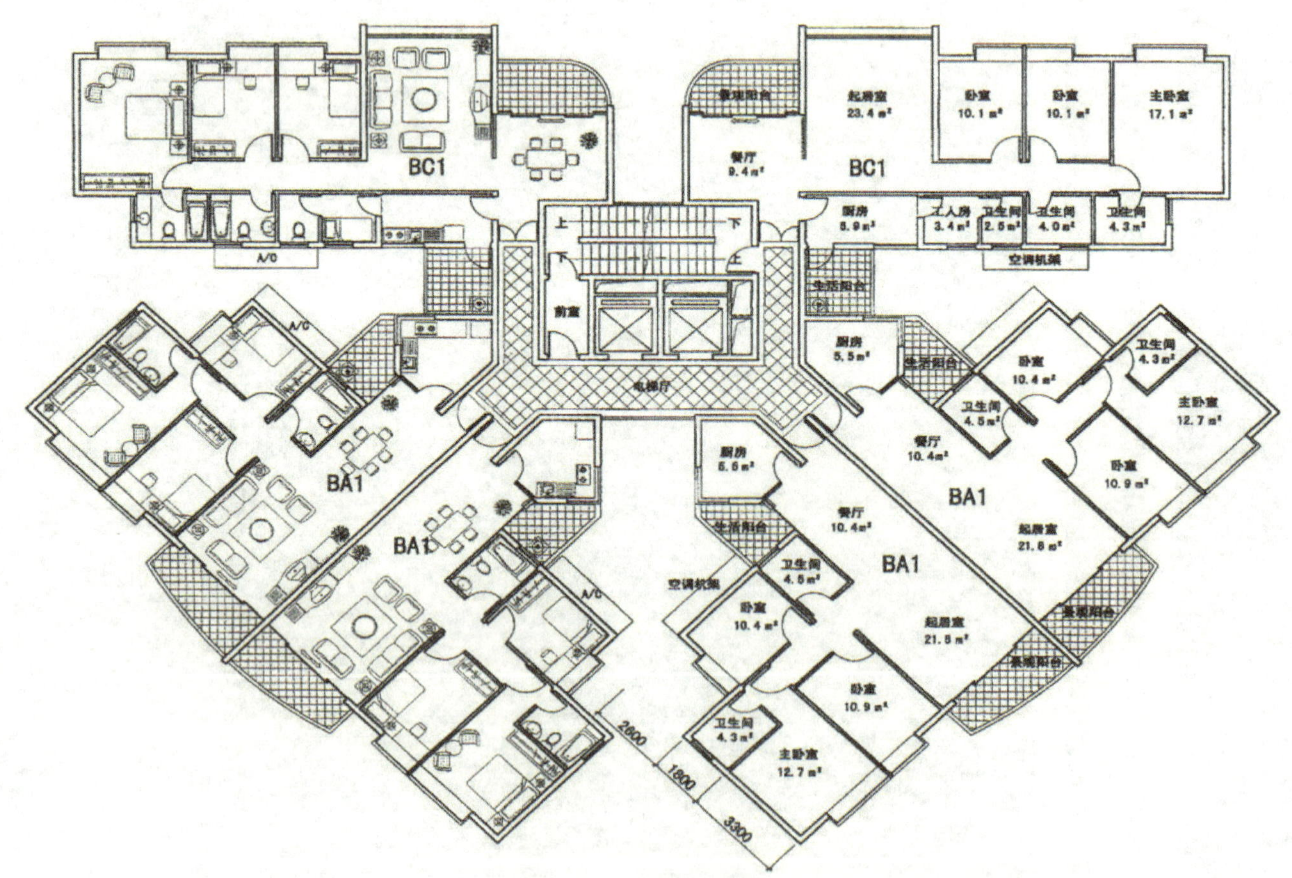

图1–1 单元式居住空间（一）

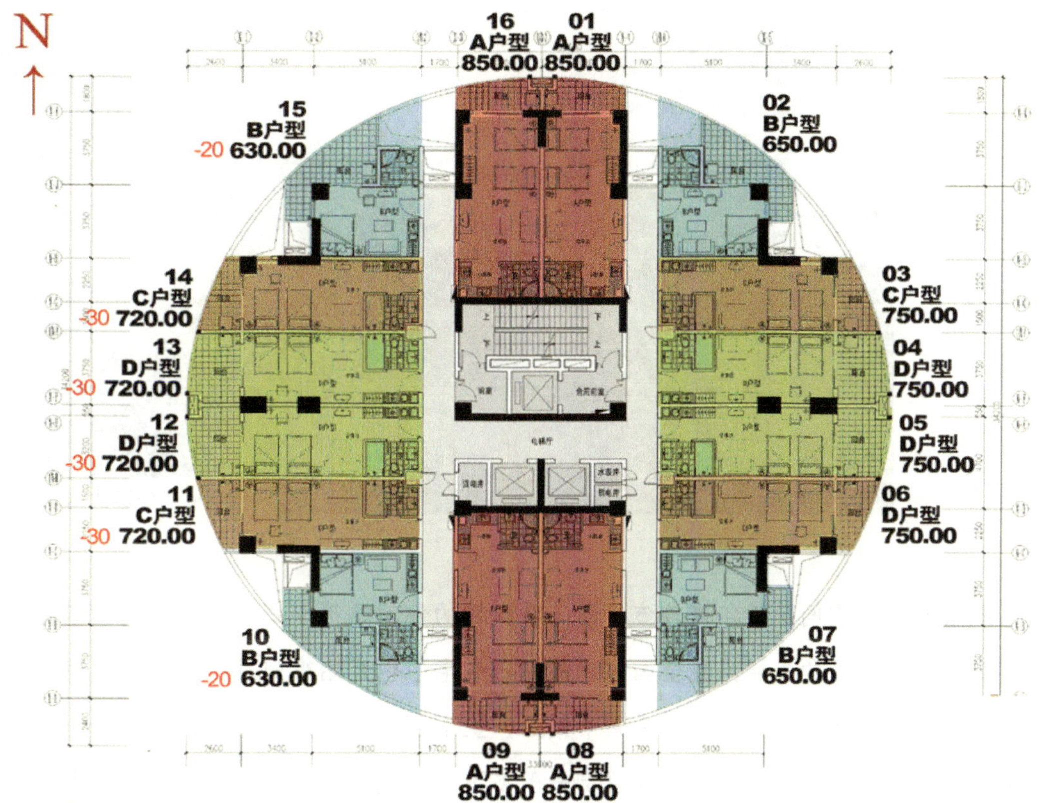

图1–2　单元式居住空间（二）

二、公寓式居住空间

公寓式居住空间是相对于独户独院的西式别墅而言的。早期的公寓式居住空间主要建在大城市，多为高层建筑，主要供当时中等收入的高级职员及政府公务员居住，标准较高。每一层内有若干单户独用的套房，包括卧室、起居室、客厅、浴室、厨房、厕所等使用空间。随着现代社会人们对居住空间的多元化需求，这类居住空间形式也随之发展。在现代建筑设计中常将此类空间附设于酒店宾馆、商务大厦之内，供一些常往来的中外客商及其家眷经商、旅游的中短期租用。公寓式居住空间如图1–3、图1–4所示。

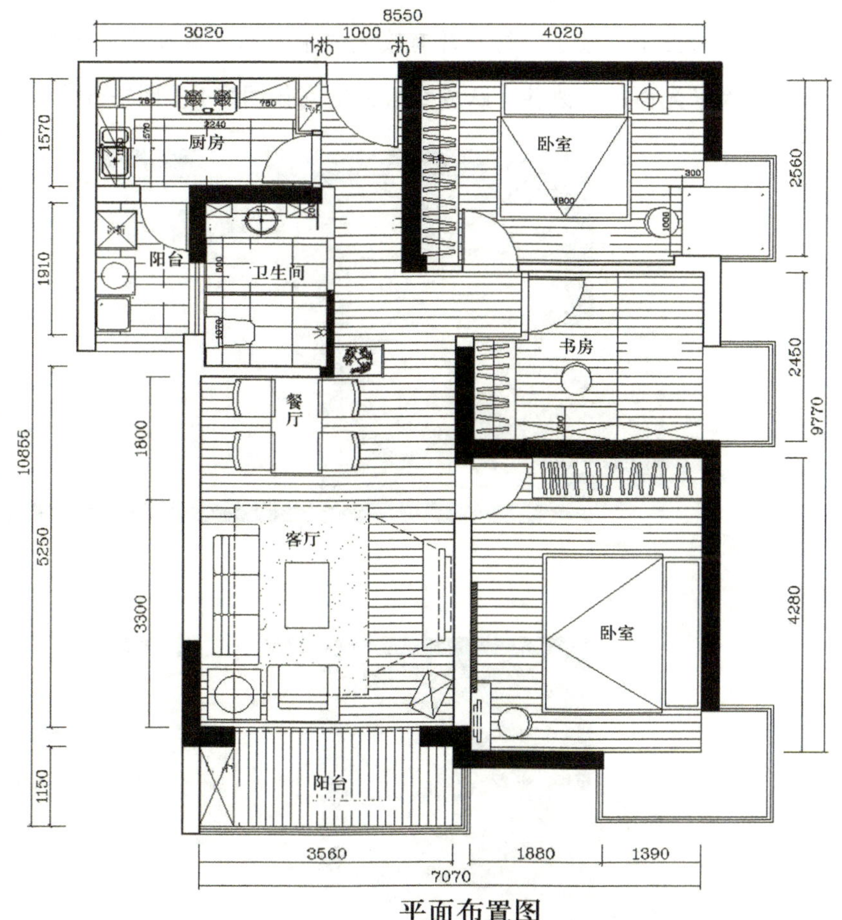

图1–3　公寓式居住空间平面图

图1-4 公寓式居住空间实景

三、跃层式居住空间

跃层式居住空间是近年来较流行的一种新颖的住宅建筑形式，我国早期在东南沿海城市建设较多。随着我国城市建设的发展，在全国各地的城市住宅中也开始得到推广。这类住宅的主要形式是两层为一户，住宅上下两层完全分开，占有两个楼层，上下面积相同，两层之间通过户内独用的小楼梯连接，所以又被称为“楼中楼”。这类住宅首层一般多设计为起居室、厨房、餐厅、卫生间等；二层多为卧室、书房、卫生间等。跃层式居住空间的主要特点为：户内使用面积较大，室内通风较好，布置紧凑，功能明确，室内相互干扰较小，每户都有较大的采光面，即使房屋的朝向欠佳，也可以由二层或二层合一的墙面来增大采光面加以改善。跃层式居住空间如图1—5、图1—6所示。

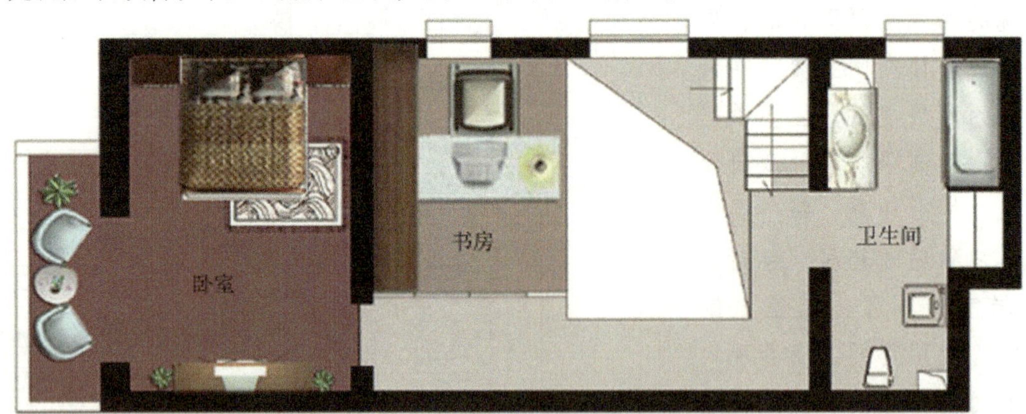

图1-5 跃层式居住空间平面图

图1-6　跃层式居住空间

四、错层式居住空间

错层式居住空间是指一套房子中各功能空间（如房内的起居室、客厅、卧室、厨房、卫生间、阳台及其他空间）不处于同一平面上，而是处于错开的几个高度不同的平面上。一般来说，错层式的房内错开的高度不能高于一人，即人站在室内下一层面平视可见到室内第二层面。空间错开之处往往有几步楼梯来连接。错层式居住空间的特点是：利用室内不同的层高来明确区分室内的动静空间，但又不像跃层那样完全分为两层，而是错落有致，给人带来空间的丰富感。错层式居住空间如图1—7、图1—8所示。

图1—7　错层式居住空间平面图

图1-8　错层式居住空间

五、别墅式居住空间

别墅这种居住空间形式古往今来，中方、西方均有。在中国最早把别墅叫“别业”。所谓“别”就是第二的意思，指第二居住地，与西方将“house”作为第一居住地的“家”，而将别墅“villa”作为第二居住地的意义相同。

现代意义上的别墅，更注重一种生活理想化、情感诗意化的体现，多作为旅游或度假住宅。一般根据其所处的地理位置和功能空间的不同，分为花园别墅、山地别墅（包括森林别墅）、临水（海、湖、江）别墅、牧场（草原）别墅、庄园别墅等。由于别墅多为独院或二、三层的建筑，建筑密度低，内部装修豪华，功能设施完备，户外绿化等都具有较高的标准。所以一般多为高收入者拥有。目前，在我国房地产市场中销售的大部分别墅还不是完全意义上的villa，而更多是将其作为住宅来使用。图1–9～图1–11所示为一些别墅形式。

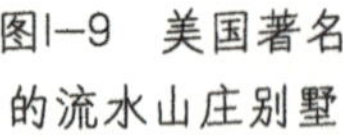

图1–9　美国著名的流水山庄别墅

S.230 Liliane S. and Edgar J. **Kaufmann**, Sr., **Residence, "Fallingwater"**

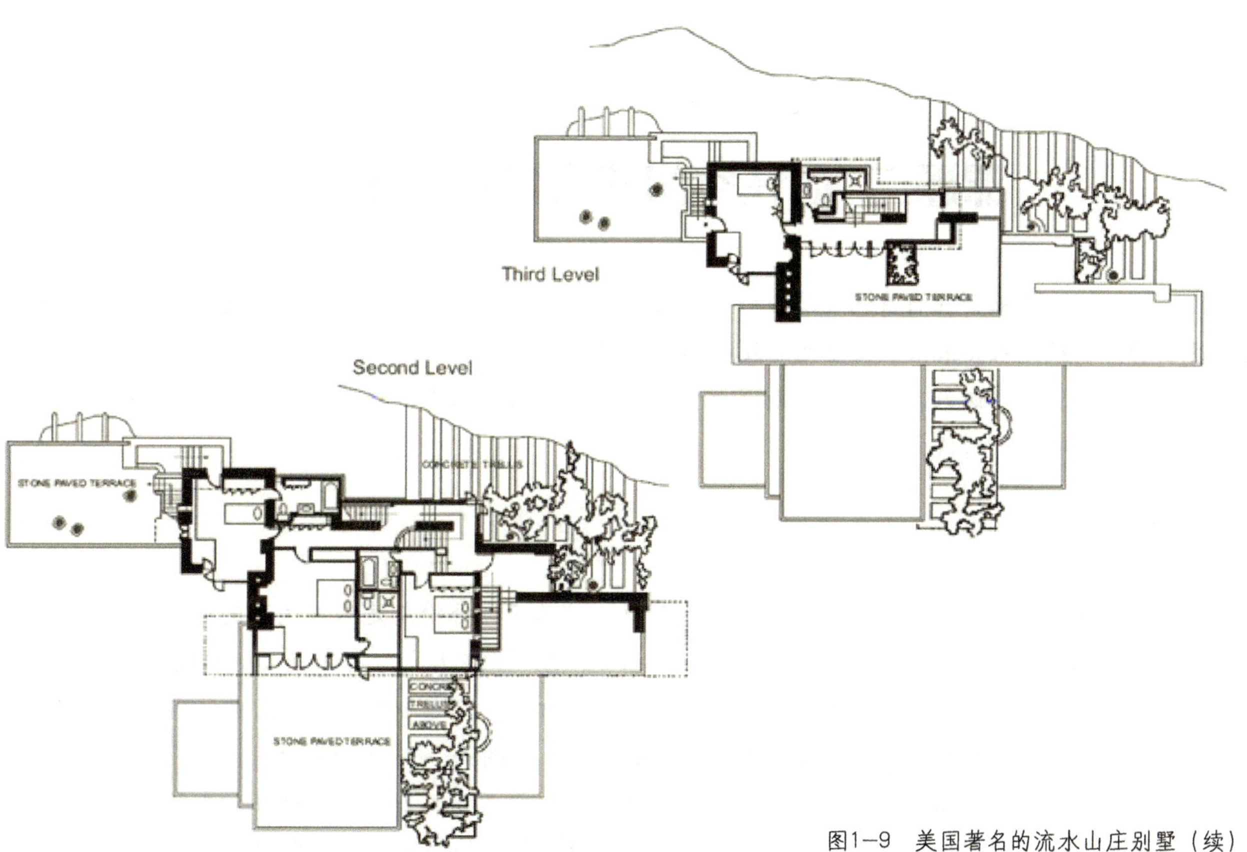

图1-9　美国著名的流水山庄别墅（续）

图1-10　联排别墅　　图1-11　乡村别墅

[能力训练]

作业名称：试对当今国内外流行的居住空间类型、功能特点进行分析和阐述。

作业形式：以分组讨论和选派代表上台阐述的形式，表达对居住空间的认识程度。

作业要求：收集相关的资料，或到实地进行考察，要求每个同学都能根据自己的学习过程记录下最深刻的感受。

课题二 居住空间的发展与未来趋势

课题概述：人类社会在自身的发展过程和衍变历程中，居住环境的不断改造和发展总是与社会的发展相适应的，这就是人类未来居住空间的发展的必然趋势。

学习目的：通过本课题的学习，了解居住空间的发展脉络和未来的发展趋势，能明确其规律性，有助于启发居住空间设计的认识。

一、居住空间的发展历程

无论古今中外，人类在自身的发展过程中，对其居住的空间环境总是放在生存的环境中去看待的，在不断利用和改造自然环境的过程中完善着居住空间环境。早在五六十万年前，人类的祖先就逐渐掌握了“构木为巢”（图2–1）、“冬居营窟，夏居巢”。后来，又逐渐出现了人工的竖穴居与地面的居所，如蜂巢形石屋、圆形树枝棚、帐篷以及长方形的房屋，如图2–2～图2–4所示。

新石器时期开始产生群居的聚落，有了生活与生产用的公共房屋、窑址、住所和畜圈，及供防御的壕沟，原始崇拜所需的祭坛、神庙和神像以及公共墓地等，最原始的室内居住空间设计也开始出现。

在黄河中游地区，处于新石器时期晚期的仰韶文化，就已开始按功能需要在室内入口设置门道，室内地面、墙面开始采用白灰抹面或烧烤细泥抹面使其陶化，避免潮湿，也有铺设木材、芦苇等作为地面防水层的。如图2–5所示为此时期房屋。

龙山文化是仰韶文化的延续。与仰韶文化时期的房屋相比较，虽然房屋空间的面积有所缩小，但以家庭为单位居住的私有痕迹已开始出现，一些聚落已扩大为城镇。建筑形式除半地穴外，还出现了地面房屋。个别房屋的下面还使用了夯土台基。内室与外室相连处设有煮食处与烧火处，用来储藏的窖穴设在外室。这一时期，白灰抹面已被普遍采用，由此可以看出这一时期室内空间和使用功能已经越来越完善了。

奴隶社会时期，人们开始在室内采用彩绘和线脚来装饰墙面，这一时期的居住空间设计发展主要体现在奴隶主阶层的生活环境中。随着社会生产力的发展，奴隶主的统治思想开始在室内设计中体现出来，大规模而严谨的室内空间规划和华美精细的装饰开始出现，室内空间装饰氛围体现出了最初人对自然的崇拜开始转向对统治者权力的敬畏。

春秋战国时期，随着封建社会生产关系的出现，奴隶制时代宣告结束，孔子的“礼、乐”，老子的“无为”及“儒学”、“道家”哲学思想对室内设计风格产生了很大的影响，室内设计更加强调人与自然的和谐相处和对自然的巧妙利用，使室内设计日益生活化。同时，由于各诸侯日益追求宫室华丽，具有象征性、趣味性的纹饰用砖和铸铜等技术的应用，使得室内装饰更为发展，以雕梁画栋为特色的室内装饰风格开始形成。

汉代是中国封建社会发展的第一个高峰，随着封建文化和科学技术的发展及人们生活水平的提高，室内空间设计不仅功能齐全，而且装饰细节也极为丰富。陶瓷、石刻、绘画和纺织品等装饰品和装饰材料在居住空间中被普遍使用。住宅空间的形式规划、出入口样式等也严格按封建等级思想要求与社交需要而设计。

图2-1　构木为巢图

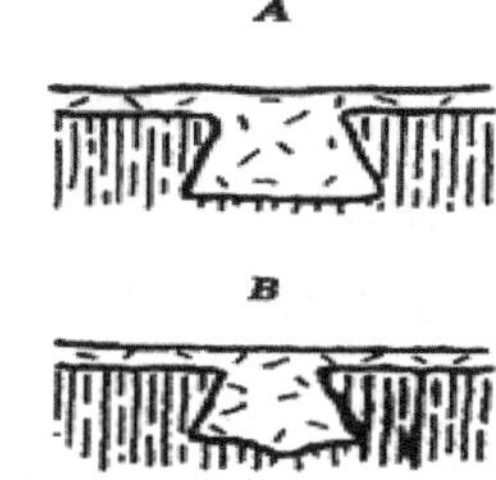

图2-2　竖穴居

图2-3　蜂巢形石屋

图2-4　圆形树枝棚

图2-5　仰韶文化时期房屋

南北朝时期，“廊”的设计手法在住宅空间中得到较多应用，家具形式仍然是符合席地起坐的生活习惯的低矮家具。北方十六国时期，少数民族为中原地区带来了不同的生活习惯，出现了垂足而坐的高坐家具（如椅子、凳子等）。隋唐到五代，已普遍采用垂足而坐的家具形式，室内设计开始进入以家具为设计中心的陈设装饰阶段。

唐代的室内设计，空间结构和装饰的结合非常完美，风格沉稳、大方。

宋代的住宅空间规划基本上呈四合院布置，室内大方格的平棊与强调主体空间的藻井应用发展很快，室内采用格子门分隔内部空间，装饰色彩丰富。建筑细部构件如门、窗、栏杆、梁架等变化多样。

明、清时期的门窗样式基本是承袭宋代做法。到了明代，室内的装修装饰与彩画日趋定型化，家具设计体形秀美简洁，雕饰线脚少，造型和构造和谐统一，注重人体工程学的应用，重视发挥木材本身纹理和色泽的特征。清代室内装饰装修更为规范化，室内设计重点集中在提高总体布置和装饰装修式样上。但明后期和清所奉行的闭关锁国政策，严重地阻碍了文化、科技的发展，使得居住空间设计追求雍容华丽、整体风格繁缛奢靡，所以室内设计总体上发展缓慢。

1840年，第一次鸦片战争开始，中国进入半殖民地半封建社会时期，由于西方文化和新技术的传入，形成了新旧建筑和室内设计形式并存的局面。这一时期的室内设计表现出了半殖民化的特征：西方装饰样式特点与中式风格相结合。

进入20世纪20、30年代，一方面，留学人员将西方现代设计教育的思想理念带回了国内，为中国的室内设计注入了新鲜的血液；另一方面，连年的战争使中国社会各方面的发展受到了严重的阻碍，中国的室内设计在困苦中得到了艰难而短暂的发展。

新中国建立后，中国室内设计发展大致可分为三阶段：

20世纪50～70年代，在计划经济体制下，室内设计中有浓厚的前苏联的影子。20世纪50年代出现的国内十大建筑给中国室内设计奠定了一定的基础，但室内外装修大多是政府的行为，所谓的设计被认为是装饰美术的代名词，还没有严格意义上的设计。特别是在文化大革命期间，室内设计几乎处于停顿状态。

20世纪70年代末～80年代，中国进入了改革开放时期，国外先进的设计理念和风格式样使中国室内空间设计飞速发展。一方面模仿国外的设计式样；另一方面大量承袭传统的中式室内设计风格，反映在居住空间设计中即是模仿和借鉴的成分居多。但在这个时期，各大高校开始设立室内设计专业，出现了一批优秀的年轻室内设计师，为后来的室内设计的发展奠定了很好的基础。

20世纪90年代～21世纪，随着国家经济的快速发展，城市建设和人们的居住环境水平的提高，室内空间设计也更加被人们所重视，市场需求越来越大。室内设计开始关注自身的文化个性、地域特色、可持续发展和社会需求对设计的影响，从一味的崇外模仿向深层次的设计思考方向发展演变，中国室内设计有了自己真正意义上的独立。室内设计教育开始从"造型"的美化向设计理念、设计风格、民族特色研究方面发展，明确了设计的目的在于改善和创造人们的生活方式。中国的室内设计通过与国际设计的交流融合而迅速提升。进入21世纪，居室空间设计更是明显地朝着个性化、人性化、多元化的趋势发展。

二、居住空间的未来发展趋势

居住空间的发展离不开社会经济和文化生活的发展，它是时代的反映。伴随着现代科技和文化的迅猛发展，不同于以往的新生活需求和方式不断出现，人们的居住空间环境必然会发生翻天覆地的变化。以下从多功能化、智能化、新材料新技术、人文化、绿色生态和活性化等几个方面研讨其未来的发展趋势。

1. 多功能化的居住空间（图2-6）

现代生活内容比以往更为丰富，因而现代城市生活的居住空间的使用功能大大多于从前。交流、就餐、阅读、睡眠、洗浴、娱乐、健身、储藏……只有通过多样的功能设计才能满足人们日益

图2-6　功能的多样化将是未来社会居住空间的必然发展趋势

增加的功能需求。

2．采用新材料、新技术的居住空间（图2-7）

目前，世界各国都面临能源紧张的局面，因此，节能材料及新技术，尤其是节能环保材料和技术的研发利用势必成为未来居住空间设计的主流。

3．智能化的居住空间（图2-8）

清晨醒来，飘香的早餐刚好准备完毕；刚踏出床沿，窗帘便徐徐打开；轻轻一扬手，房门柜门便自动让路；离开房间，完全不用担心忘记关灯锁门；进入厨房，依然可以收看不愿错过的电视剧，或者伴随着悠扬的音乐声享受半自动的做菜乐趣；安坐客厅，一键便可遥控音响、电视和电脑；即使出门在外，通过手机或电脑依然可以清晰地了解家中状况；回家的路上，便可提前打开家中的空调和热水器；借助门磁或红外传感器，系统会自动打开过道灯和电子门锁……如此人性化、智能化的便捷生活，已经不再只出现于畅想未来的科幻电影之中，智能化家居已经走进了平常人的工作、学习和生活中。

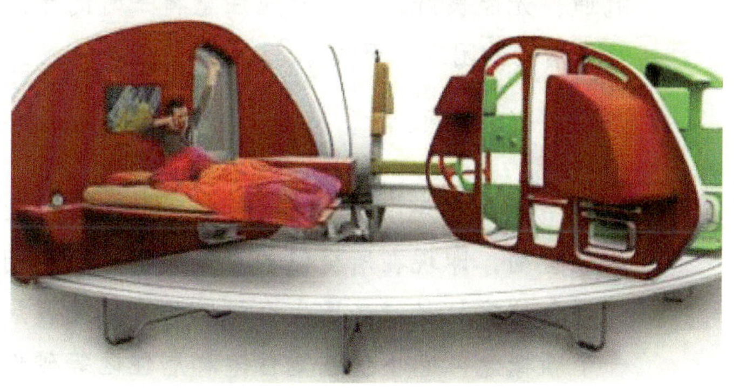

图2-7　这款名为“252°居住空间”的3轮拖车房出自富有创造性的法国设计师斯蒂芬妮·贝尔兰格（Stephanie Bellange）之手。由于个头很小，一辆Mini足以胜任拖拽工作。“252°居住空间”的突出特征是：一旦外壳打开，支撑脚便可自动展开，内部设施随后一一呈现在你的面前，就像是一朵盛开的花

智能化住宅利用系统集成方式，将现代计算机技术、现代控制技术、现代图像显示技术等多种高科技与各种各样的建筑通过网络联系起来，使住宅建筑节能、材料、结构、设备、服务及管理依照住户的需要进行最优化的智能组合。目前，已经有企业开始开发智能化住宅，虽然其智能化的水平还不是很高，人们对智能住宅的接受度也还不太高，但是，方便舒适的智能化住宅将是未来居住空间的发展方向。

智能防盗系统

智能门窗（窗帘）控制系统

智能家电控制系统

智能指纹锁系统

智能照明控制系统

智能监控系统

图2-8　家居智能化控制（监控）系统

4.老年化的居住空间（图2-9）

我国即将进入老龄化社会，由于老年人群有一定的积蓄，并且许多老年人和子女是分开居住的，因此，未来老年住宅的居住空间应该充分考虑到老年人的生理特点和心理需求，其居住空间设计应从方便、实用、经济的角度出发，保证老年人的居住环境安静舒适，不受噪声干扰，空气流通、光照良好。设计时应注意将平时的生活和日常活动的困难减至最少。

5.绿色生态的居住空间（图2-10）

"绿色住宅"是指健康、节能、低污染的居住空间，即现在所提倡的"低碳生活"空间。"绿色住宅"是涵盖了生态环境和可持续发展的一个新概念。它不仅注重住宅和居住区等硬件建设，更重视人们文明生活方式的软件建设。它强调人与自然环境的和谐共生，有效地利用自然、回归自然，提倡能源的重复利用，尽量减少污染，以创造一个绿色生态环境。

图2-9　老年人居住环境应该安静舒适，空气流通、光照好，不受噪声干扰

图2-10　未来的居住空间将提倡太阳能为人类生活服务，利用绿色能源来建造生存环境，实现生态节能减排的"绿色住宅"

6.活性化的居住空间（图2-11）

活性化的空间是非定制的居住空间。现代社会的人口结构改变使得家庭结构也将随之发生改变，传统的居住空间划分在建筑完工时就已限定，很难满足未来人们居住空间划分和功能使用的需要。因此，有人提出了自由地使用空间的设想，希望自己的居住空间有很大的灵活性和互动性，这种活性化的居住空间给人们的生活带来了很大方便。

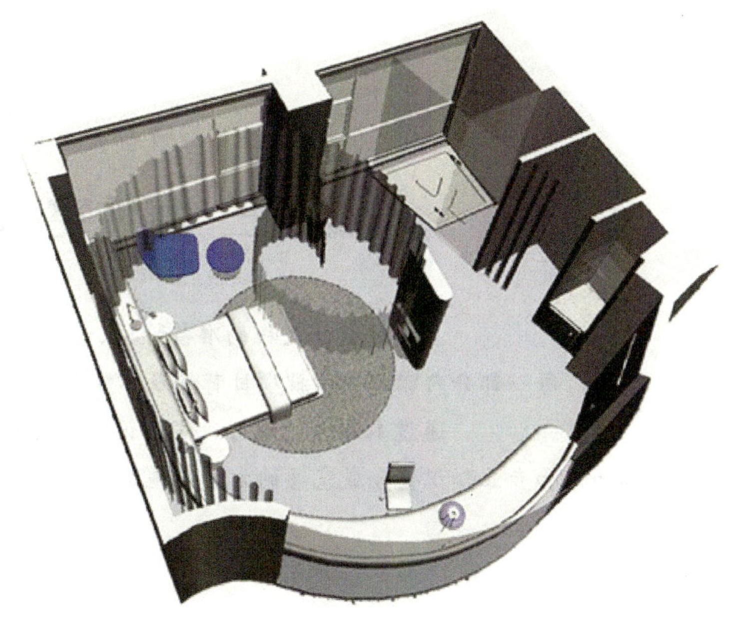

图2-11　活性化空间为业主个性化的使用需求提供了很大的方便，也为设计带来了更开阔的创意空间

7.人文化的居住空间（图2-12）

人是生活在社会大环境里的，所处的人文环境（历史文化、民俗地理、邻里乡情等）会影响到居住环境的生活质量。因此，在住宅区营造出有特色的和谐人文环境就成为未来房地产住宅开发面临的一大命题，也是未来居住空间发展的一大趋势。目前，住宅设计重回“城镇”模式等观念，就是注重营造邻里乡情的具体表现。

图2-12　城镇邻里乡情的居住环境，使人文因素得以传承

课题三 居住空间设计程序与方法

课题概述：主要对设计过程的准备阶段、方案阶段、深化阶段和施工图完成阶段的内容及任务进行阐释，每一部分内容都尽量就项目背景及学生的思维特点进行说明，并提供范图参考。

学习目的：通过本课题的学习，了解设计的过程，明确每个阶段的工作任务和完成程度，以及将基础知识和专业知识整合成完善的方案及施工图。

一、准备阶段

在接受了甲方的设计委托并签订合同后，设计师在准备阶段主要做两方面的工作：一是技术准备，二是了解业主的需求。对业主的意图、生活习惯、审美要求，及房屋所处自然环境等因素要充分了解，这是设计准备阶段的前提。因为设计不是天马行空的自我创作，而是在一定的限定条件下进行的，因而相应的技术准备是必要条件，是将设计付诸实施的前提和基础。

技术准备包含了：①考察建筑结构、梁、柱、墙；②考察建筑朝向、采光；③查看电、气、暖以及给水排水走向；④复量建筑尺寸；⑤了解相关的法律、法规和行业规范。

对业主的准备：①了解业主是否有特殊的使用习惯；②业主的爱好、倾向；③业主的想法、意图。

在完成以上两项工作后，开始构思草图，初步确定功能分布、空间分割和风格的选定。构思草图是设计师将头脑中的设计理念以图示的方式呈现出来，不需要过多的修饰。构思草图只是设计师自我沟通的过程，在这个过程中，设计师可以不断地进行图示和思维的延展，以拓展设计思路，获得更出彩的设计效果。很多优秀的作品都是在设计草图中偶成的结果，或者是在不断变化的图示中找到了设计闪光点。图3–1所示为某居室设计草图。

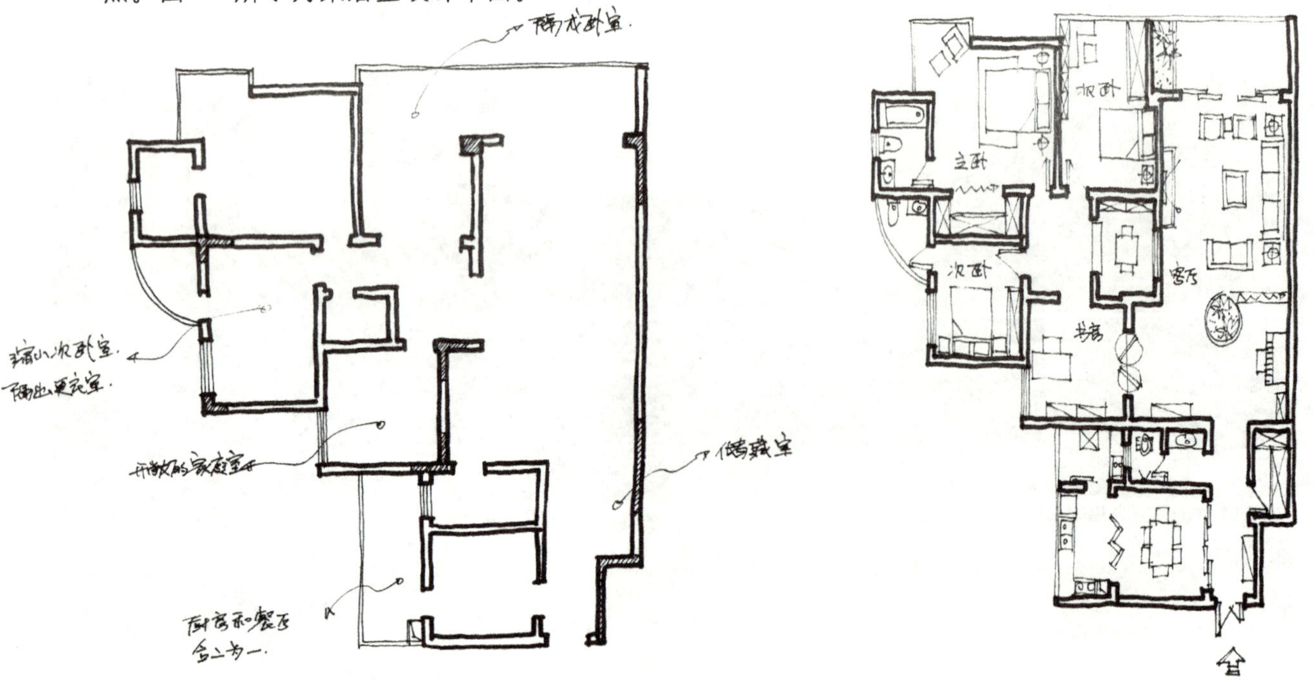

图3–1　在原始建筑居住空间中进行草图构思，对空间和功能不断地进行调整布置，使之更为合理，这一步十分重要

二、方案阶段

构思草图成形后，要在此基础上深入、细化，形成提供给业主并与业主进行沟通交流用的图纸。这就要求图纸较为完善，能够凸显设计的理念、特点等。在此阶段应该明确设计的风格、空间分割、功能划分，并形成一套较为完整的方案图。

一套完整的方案图包含了设计说明、目录、平面布置图、立面图、顶棚图、地面铺装图和效果图。下面就方案图一般包含的重点内容进行简单讲解。

1. 设计说明

设计说明是设计师根据原有空间特点和业主要求，阐释自己设计特色和设计理念的描述性文字。设计说明一般应该说明设计的主题、风格定位、空间特点、功能布置、材料使用以及设计所营造的氛围特征等。

2. 平面布置图（图3–2）

平面布置图最核心的内容是在原有的建筑框架结构图和居住空间划分的基础上，根据建筑环境状况以及业主的需求进行深入的二次设计。其主要的目的是对空间和使用功能进行引导性的布置，从而营造出方便、舒适、安全、合理，并具有一定审美趣味的居住空间。

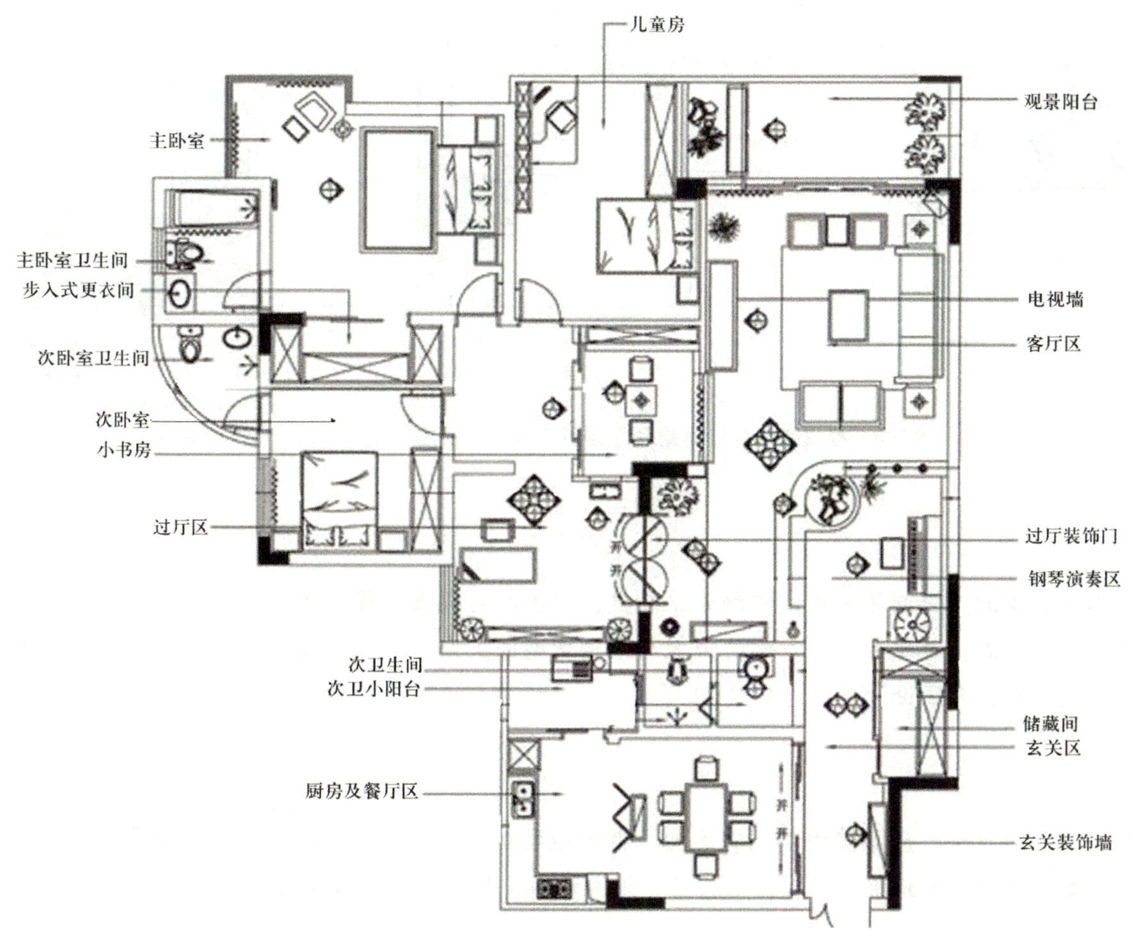

图3–2　在草图方案的基础上，对平面布置进行深入的二次设计，达到方便、舒适、安全、合理

3. 立面图（图3-3）

立面图是对居住空间进行纵向分割的主要图示表现手段。它的内容包含墙体、柱体、门窗、隔断、定制家具，标注尺寸、比例、材质等。注意绘制时须与地面和顶棚相衔接。

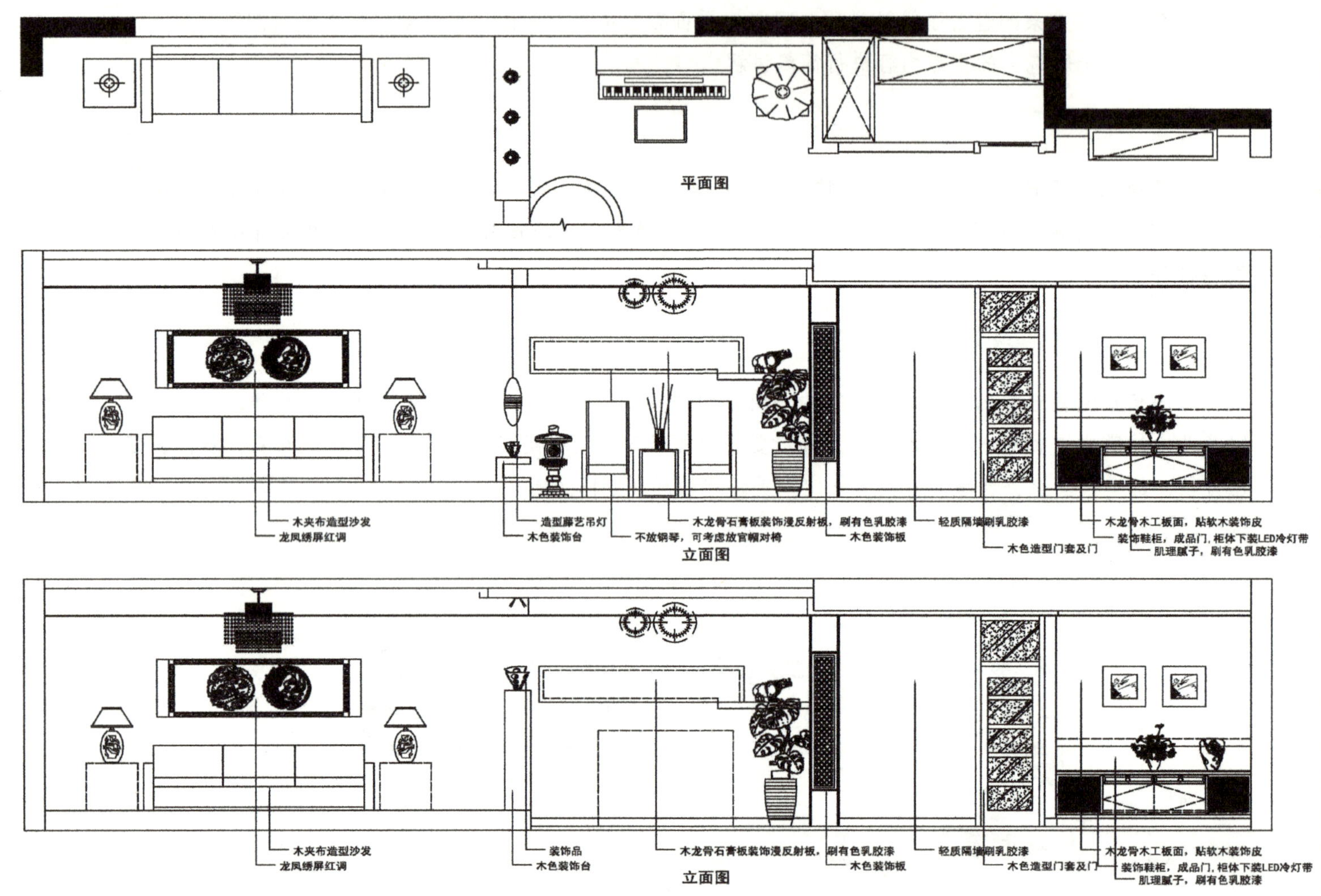

图3-3　根据整体设计思路和平面图来进行立面图的设计

4. 顶棚图（图3-4）

顶棚图是表现居住空间房屋顶部的形式、高度、材质及灯具设置等的图纸。顶棚的设计首先要与整体设计风格保持一致；其次要考虑房梁的位置与顶棚造型的关系；再次则是顶部的通风管道、强电、弱电、空调送风口等的布局设计。

5. 地面铺装图（图3-5）

在居住空间设计中，应该按照功能的不同，考虑地面铺装的形式、材质及色泽的变化。常用的地面铺装材料种类有地砖、木地板、石材、地板革、地面涂料、地毯、玻璃及金属等。

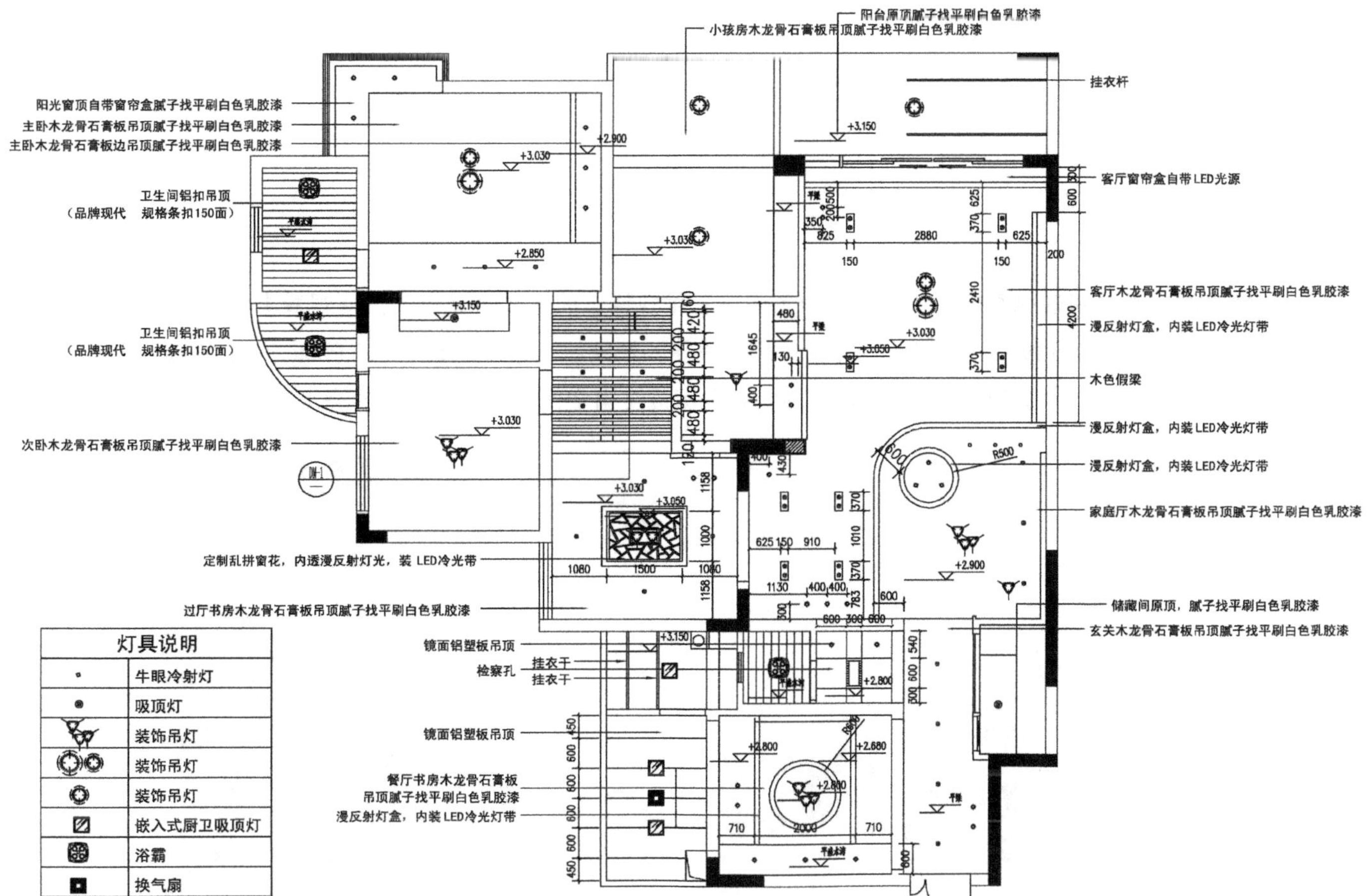

阳台原顶腻子找平刷白色乳胶漆

小孩房木龙骨石膏板吊顶腻子找平刷白色乳胶漆

挂衣杆

阳光窗顶自带窗帘盒腻子找平刷白色乳胶漆

主卧木龙骨石膏板吊顶腻子找平刷白色乳胶漆

主卧木龙骨石膏板边吊顶腻子找平刷白色乳胶漆

客厅窗帘盒自带LED光源

卫生间铝扣吊顶
（品牌现代 规格条扣150面）

客厅木龙骨石膏板吊顶腻子找平刷白色乳胶漆

漫反射灯盒，内装LED冷光灯带

卫生间铝扣吊顶
（品牌现代 规格条扣150面）

木色假梁

漫反射灯盒，内装LED冷光灯带

次卧木龙骨石膏板吊顶腻子找平刷白色乳胶漆

漫反射灯盒，内装LED冷光灯带

家庭厅木龙骨石膏板吊顶腻子找平刷白色乳胶漆

定制乱拼窗花，内透漫反射灯光，装 LED冷光带

储藏间原顶，腻子找平刷白色乳胶漆

过厅书房木龙骨石膏板吊顶腻子找平刷白色乳胶漆

玄关木龙骨石膏板吊顶腻子找平刷白色乳胶漆

镜面铝塑板吊顶

检察孔

挂衣干

挂衣干

镜面铝塑板吊顶

餐厅书房木龙骨石膏板
吊顶腻子找平刷白色乳胶漆

漫反射灯盒，内装 LED冷光灯带

灯具说明	
◦	牛眼冷射灯
◉	吸顶灯
	装饰吊灯
	装饰吊灯
	装饰吊灯
▨	嵌入式厨卫吸顶灯
	浴霸
▣	换气扇
	定制吊灯
•	筒灯
◦	水晶吊灯

图3–4 在整体设计思维和平面图对应设计的基础上完成顶棚图的设计

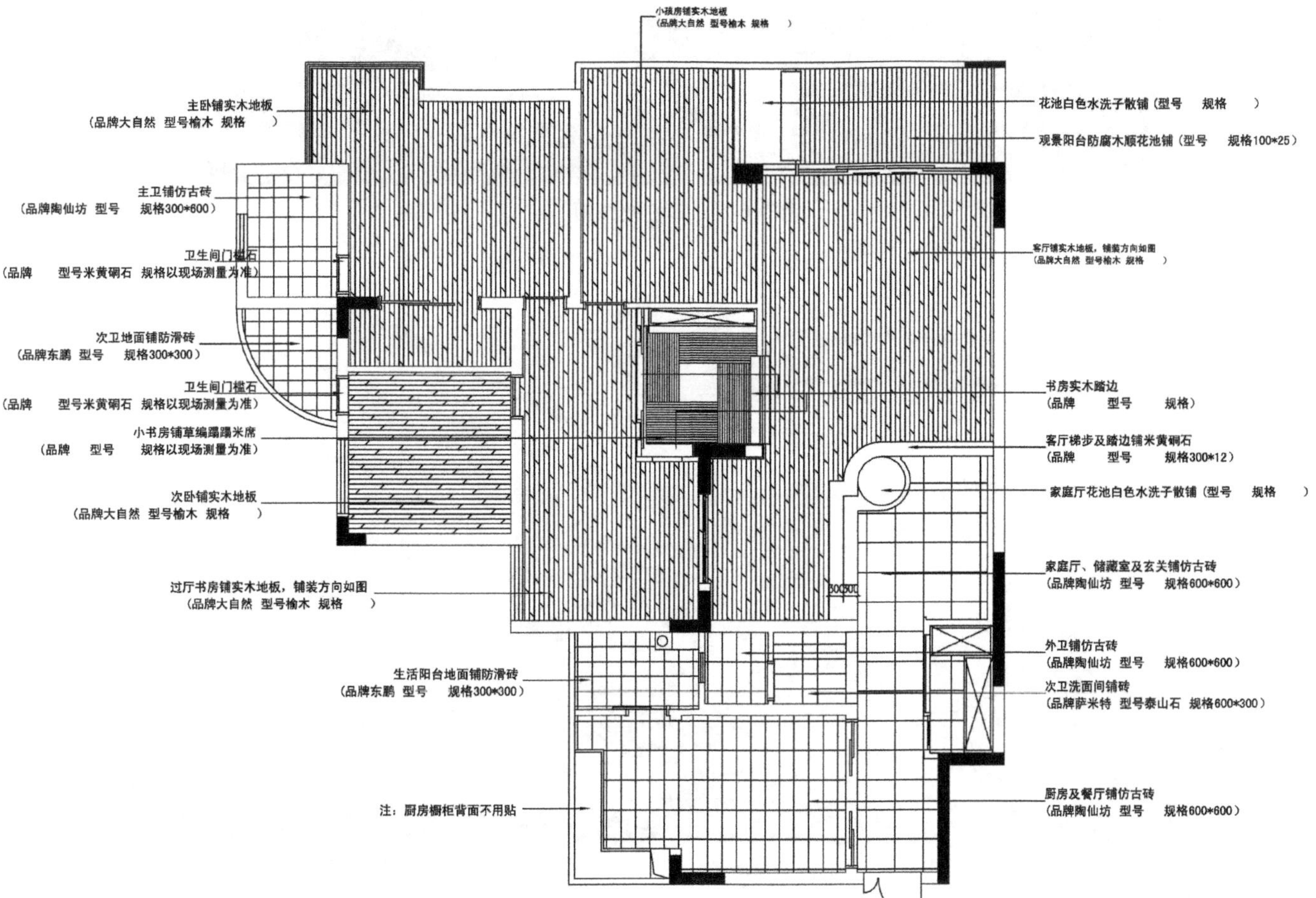

小孩房铺实木地板
（品牌大自然 型号榆木 规格 ）

主卧铺实木地板
（品牌大自然 型号榆木 规格 ）

花池白色水洗子散铺（型号 规格 ）

观景阳台防腐木顺花池铺（型号 规格100*25）

主卫铺仿古砖
（品牌陶仙坊 型号 规格300*600）

客厅铺实木地板，铺装方向如图
（品牌大自然 型号榆木 规格 ）

卫生间门槛石
（品牌 型号米黄硐石 规格以现场测量为准）

次卫地面铺防滑砖
（品牌东鹏 型号 规格300*300）

卫生间门槛石
（品牌 型号米黄硐石 规格以现场测量为准）

书房实木踏边
（品牌 型号 规格）

小书房铺草编榻榻米席
（品牌 型号 规格以现场测量为准）

客厅梯步及踏边铺米黄硐石
（品牌 型号 规格300*12）

次卧铺实木地板
（品牌大自然 型号榆木 规格 ）

家庭厅花池白色水洗子散铺（型号 规格 ）

家庭厅、储藏室及玄关铺仿古砖
（品牌陶仙坊 型号 规格600*600）

过厅书房铺实木地板，铺装方向如图
（品牌大自然 型号榆木 规格 ）

外卫铺仿古砖
（品牌陶仙坊 型号 规格600*600）

生活阳台地面铺防滑砖
（品牌东鹏 型号 规格300*300）

次卫洗面间铺砖
（品牌萨米特 型号泰山石 规格600*300）

注：厨房橱柜背面不用贴

厨房及餐厅铺仿古砖
（品牌陶仙坊 型号 规格600*600）

图3–5 地面铺装图应在平面图的基础上，对地面进行样式和材质的设计

6. 效果图（图3-6、图3-7）

效果图一般采用透视原理，将设计师的意图以三维视错觉的形式表现出来，使观看者能更直观地了解设计师的设计理念和设计效果，是同业主交流的最佳途径。效果图一般通过3DMAX、Photoshop、Sketchup等计算机软件来完成，也可通过手绘的方式快速呈现。效果图应突出空间的变化和设计的亮点。

图3-6　计算机效果图

图3-7　手绘效果图（设计：刘怀敏）

三、深化阶段

此阶段是业主看完方案后，设计师与业主充分沟通交流后进行的深入细化设计工作。此阶段也是为接下来的施工图绘制做准备。这一阶段在保证功能分区明确的前提下，应注意以下三个方面的问题：

1）装修材料具体化。

2）各个界面造型形式的具体化。

3）再次确保墙、梁、柱的位置及尺寸不影响安全施工。

四、施工图完成阶段

在方案进一步深化后，就是施工图完成阶段了。施工图是设计师与施工方交流语言的准确表述，也是施工的重要依据。因此，施工图要按照国家标准和行业规范的专业语言来准确表述。总体来说，施工图包括平面图、立面图、顶棚图、界面材料及构造图、界面层次及剖面图、细部尺寸及大样图（图3–8）、给水排水系统图（图3–9）、环境工程系统安装施工图、安装和施工详细说明。

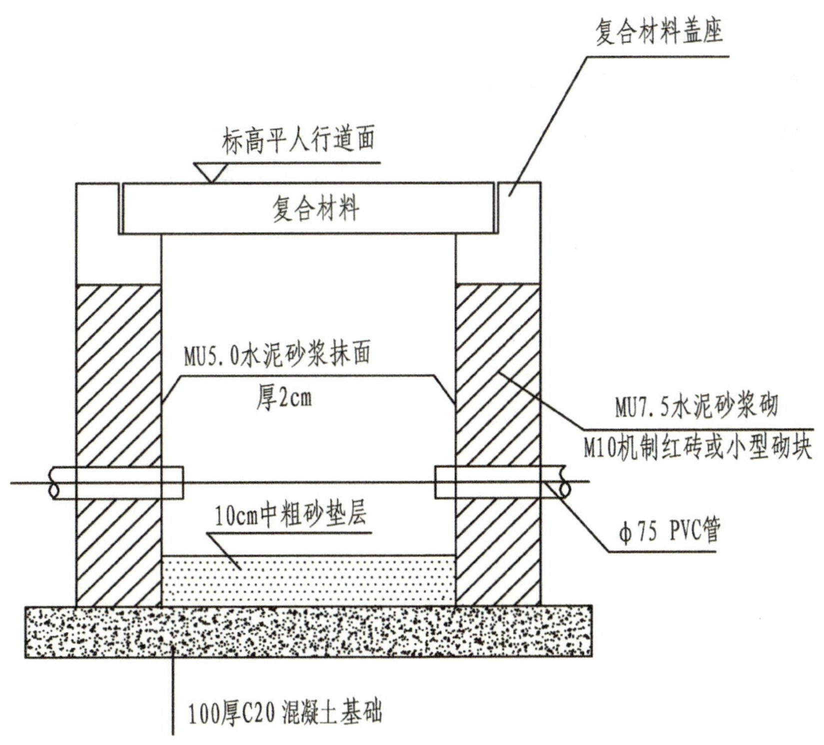

图3–8　细部节点及大样图

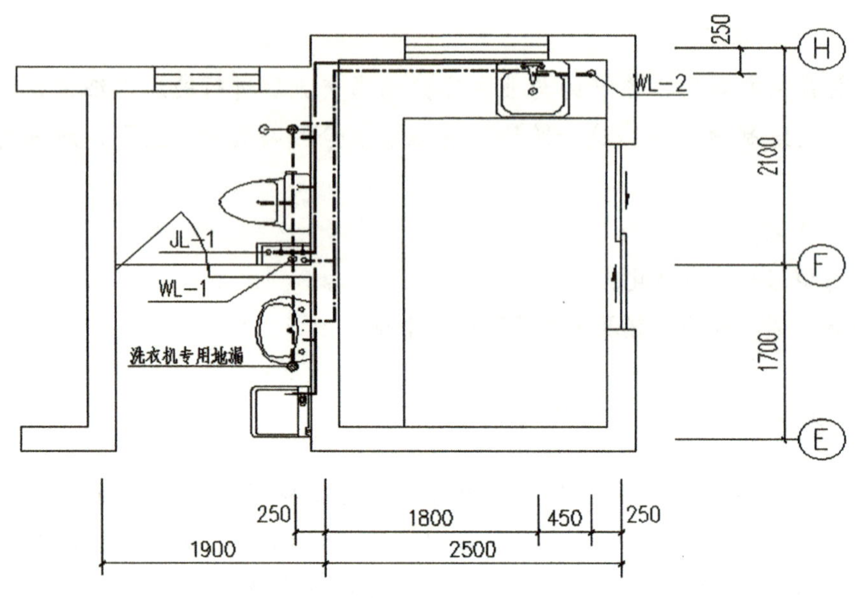

图3-9　卫生间、厨房给水排水平面图

[能力训练]

作业名称：选一套三室两厅的居住空间进行方案设计。

作业形式：在A3的图纸上以草图的表现方式表达出平面图、立面图和顶棚图。

作业要求：要求图纸较为完整，并将设计的思路过程用文字大体表述出来。

2 第二部分

创意与表达

课题四 居住空间的再设计

课题概述：主要讲述在原建筑框架结构的基础上，对其进行深入的空间再设计，以多种空间的分割方法达到空间设计的合理优化。

学习目的：通过本课题的学习，对居住空间的形成类型、组合方式及分割方法设计等有所了解和掌握。

一、有关空间

三十辐共一毂，当其无，有车之用。埏埴以为器，当其无，有器之用。凿户牖以为室，当其无，有室之用。故有之以为利，无之以为用（老子《道德经》）。老子的这段话阐释了物质世界的空间论。我们平日里关注的往往是有、存在的东西，而往往忽略其对立面——无、空的作用和价值。例如我们关注杯子本身的样式，而忽略了杯子的作用；我们关注建筑的风格样式，而忽略了内部空间对人的影响；关注画面中物象的形式，而忽略了图底关系才是画面和谐的关键。

空间的概念是到了近代才逐渐被重视和应用起来的。莱特对建筑与空间的关系进行了阐释，认为住宅空间不仅要合理安排卧室、起居室、餐橱、卫生间和书房，使之便利人们的日常生活，而且更重要的是增强家庭的内聚力。我们可以把空间定义为"由实体占据、围合、扩展并通过视知觉的推理、联想和完形化倾向而形成的三度虚体。"也就是说，空间是借助一定的实体组合形式，通过人的行为习惯和空间想象构筑的具有长、宽、高的虚体。这个虚体可以高大宽广，也可以小巧玲珑；可以庄重大方，也可以诡秘梦幻。而铸就这些空间氛围的关键因素是进行围合的实体的形态、尺度和色彩及其组合方式。

二、居住空间的类型

1．基本空间

住宅的功能空间包括起居室、卧室、餐厅、厨房、卫浴间等基本空间。在设计时可根据整套住宅面积的大小再细分出门厅、走廊、儿童房、更衣间、储存空间等。

2．公共空间

公共空间是供家人共享以及亲友团聚的日常活动空间。它既是全家生活中谈话、聚会、视听、阅读、用餐、活动、娱乐及儿童游戏的中心，又是家庭与外界交际的场所。设计时可从空间功能上入手，依照需求的不同来设计门厅、起居室、餐厅、游戏室及视听空间等。

3．私密空间

私密空间是家庭成员进行各自私密活动的空间。私密空间使家庭成员之间能在亲密之外保持适度的距离，从而满足各自必要的自由和尊严，私密空间是家庭和谐的基础之一。私密空间主要包括卧室、书房和卫浴间等。

4．家务空间

为了满足人们生活、休息、工作、娱乐等一系列的需求，使家庭生活更舒适方便，并为一系列家务活动提供必要的空间，因此需要设计一系列设施完备的家务空间来解决清洗环境和烹饪等家务活动问题。家务空间的设计应当首先对相关行为顺序进行科学的分析，根据设备尺寸及人体工程学的要求，设计出合理的尺度，这样才能在省时、省力的原则下提高工作效率。家务空间主要包括厨房、衣帽间、入户花园、阳台等。

5．储存空间

生活水平的提高，人们需要的家具和生活物品也越来越丰富多样，在居住空间里面也就少不了储存空间。储存空间的主要功能是收纳存放家庭生活所必需的物品，一般包括鞋柜、衣帽间、生活小阳台等。不同的空间类型如图4–1所示。

图4–1　不同的空间类型

三、居住空间的分割

居住空间的再设计是在原建筑框架结构的基础上，对其进行深入的空间再设计，以多种空间的分割方法达到空间的优化合理。

（一）居住空间的分割原则

1．空间的分割要满足安全便捷的要求

在对原居住空间进行再分割时，对原建筑结构必须要有充分的了解，不可轻易改变其结构构件，特别是一些承重墙、梁柱更不可破坏。在保证安全的前提下，给予构造、施工上的方便。

2. 空间的分割要满足使用功能的要求

空间分割的最终目的，是为了满足人们在室内生活、工作、学习、休息的需求，所以在进行室内空间分割时要充分考虑使用功能要求，使分割后室内空间更加合理化、舒适化、科学化。

3. 空间的分割尺度要合理化

在进行室内空间分割时，要充分考虑人的活动规律，处理好分割后的空间大小、尺寸和比例等关系；在室内空间中要合理配置陈设与家具，妥善解决室内通风、采光与照明等问题。

（二）居住空间的分割界定

居住空间的分割界定是借助一定的物质形式来完成的。界定的方式主要有两种，一种是基于平面的横向分割，一种是基于立面的纵向分割。

1. 空间的横向分割方式（图4-2～图4-5）

横向分割主要是根据使用功能的设计需要，利用地台高差的变化、顶棚吊顶的迭级高度、不同材质的差异、肌理质感效果及色彩的变化等方法，以横向分割方式造成人们从视觉和心理上对居住空间的大小形态的界定和认同。一般体现在平面图、顶棚图和铺装图中。

图4-2 利用地台高差的变化来界定室内的不同空间

图4-3 利用顶棚的迭级变化和悬吊木枋，分割界定出地面相应的过道空间

图4-4 通过地面不同材质和肌理效果分割出两个不同的空间

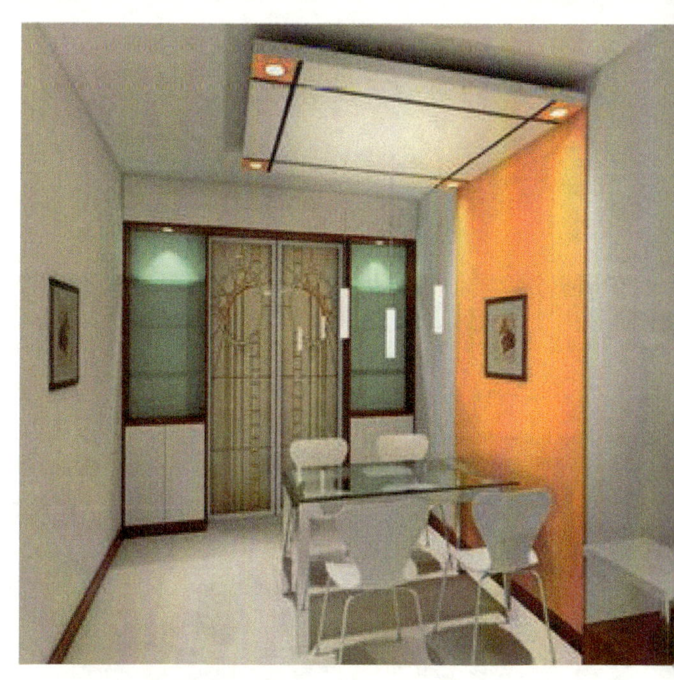

图4-5 餐桌上的吊顶来形成一个区域分割的用餐空间

2. 空间的纵向分割方式

纵向分割是通过室内的墙体、柱、家具、隔断、布艺、植物及灯光等对空间进行竖直方向分割界定。纵向分割在图纸中则主要是体现在立面图和效果图中。

（1）墙的分割　以墙分割空间可分为单面墙、折面墙、双面墙和三面围合墙等形式，如图4-6所示。

（2）柱的分割　以柱分割空间可分为单柱、双（排）柱和围合柱等形式，如图4-7所示。

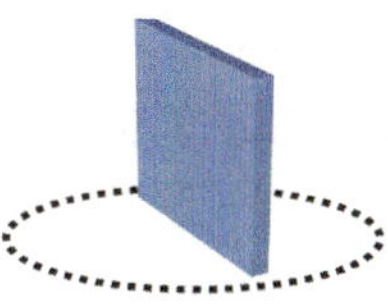

单面墙：视觉的重心分隔感强，领域感弱

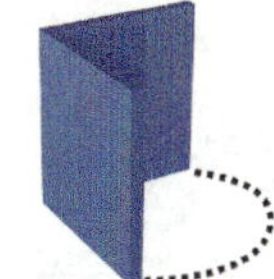

折面墙：折面内领域感较强，易产生视觉重心

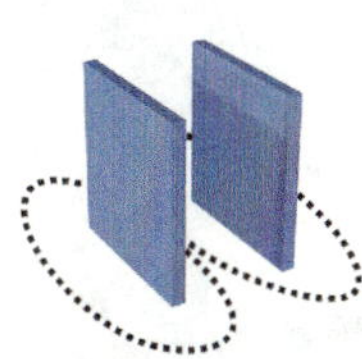

双面墙：具有较强的行为引导功能，领域感较弱

三面围合墙：围合感较强、有一定的领域和安全感

图 4-6

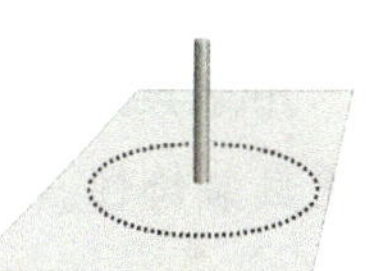

单柱：视觉中心，容易产生静态的凝聚感

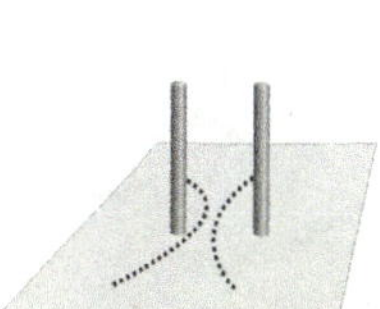

双（排）柱：有对称、均衡感，引导性较强

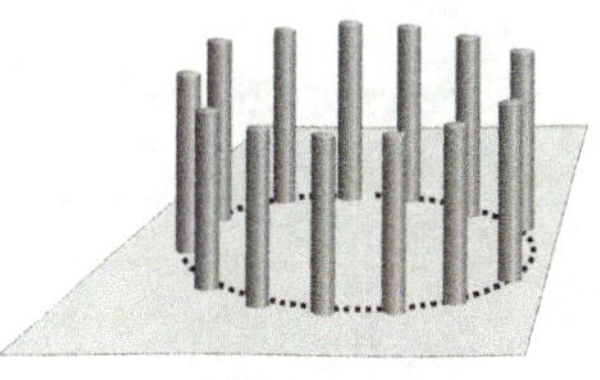

围合柱：具有围合感、较强的空间界定及领域感，产生隔而不断的虚空间

图 4-7

利用墙、柱分割空间效果图如图4-8、图4-9所示。

图4-8　通过柱对室内空间进行纵向分割

图4-9　通过视听墙对室内空间进行纵向分割

（3）空间的软性分割　空间的软性分割是指利用室内陈设、家具、植物、灯光、色彩等对居住空间进行分割。用家具分割空间，能使家具显示出多种功能，是一种常用的方式，它不仅使空间分割灵活多变，也更具装饰性。软性分割如图4—10～图4—13所示。

图4—10　采用灯具照明的方式对空间进行软性分割

图4—11　用帷幔进行分割

图4—12　以家具来分割不同的使用空间

图4—13　以植物进行空间分割

（三）居住空间再设计的基本方法

在了解了以上有关空间的知识以及空间的基本分割方式后，灵活运用才是至关重要的。例如清水房，建筑结构虽然可以满足人们常规的需求，但批量产出和模块化的设计往往容易造成单一和缺乏个性，或是背离居住者的习惯，或是难以考虑到每户建筑的具体环境，从而造成建筑结构的不合理。这时就需要室内设计师进行空间的再设计。

空间的再设计主要有三种基本方法：一是改变建筑结构，二是制造虚拟空间，三是通过家具隔断等改变空间格局。

1．改变建筑结构

改变建筑结构是指在建筑原有结构的基础上拆除墙体或增加墙体。对于空间较小的房间，可以在不影响建筑外立面和建筑承重墙的情况下进行适当的拆除，以增加空间的通透性和开阔感。图4—14和图4—15就入口、厨房餐厅、卧室等墙体进行了拆除，以达到更佳的设计效果。

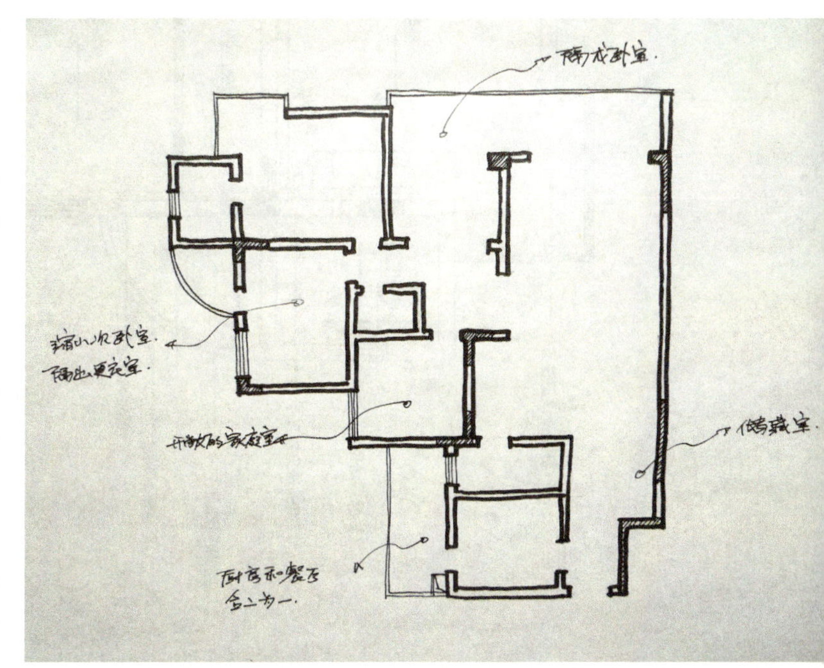

图4—14　装修前的原建筑结构

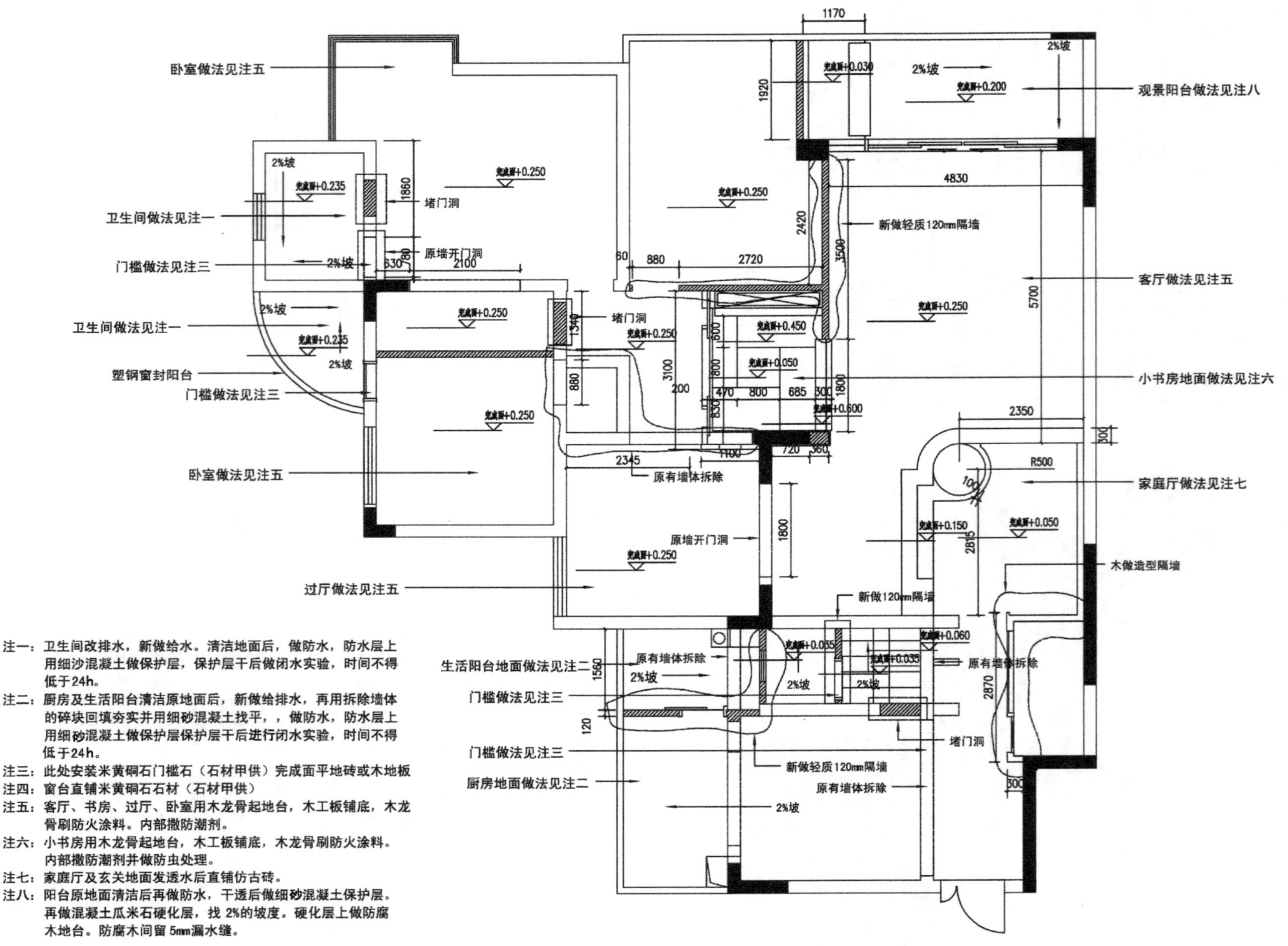

注一：卫生间改排水，新做给水。清洁地面后，做防水，防水层上用细沙混凝土做保护层，保护层干后做闭水实验，时间不得低于24h。

注二：厨房及生活阳台清洁原地面后，新做给排水，再用拆除墙体的碎块回填夯实并用细砂混凝土找平，，做防水，防水层上用细砂混凝土做保护层保护层干后进行闭水实验，时间不得低于24h。

注三：此处安装米黄硐石门槛石（石材甲供）完成面平地砖或木地板

注四：窗台直铺米黄硐石石材（石材甲供）

注五：客厅、书房、过厅、卧室用木龙骨起地台，木工板铺底，木龙骨刷防火涂料。内部撒防潮剂。

注六：小书房用木龙骨起地台，木工板铺底，木龙骨刷防火涂料。内部撒防潮剂并做防虫处理。

注七：家庭厅及玄关地面发透水后直铺仿古砖。

注八：阳台原地面清洁后再做防水，干透后做细砂混凝土保护层。再做混凝土瓜米石硬化层，找 2%的坡度。硬化层上做防腐木地台。防腐木间留 5mm漏水缝。

图4–15 结构改变图

2. 制造虚拟空间(图4-16～图4-19)

虚拟空间不是现实客观存在的实际空间，而是借助一些设计手段使人们在视觉和心理感知其空间的存在。其营造手法主要有镜面、灯光、借景、绘画等。

图4-16　镜面的反射效果可以在视觉上拓宽空间，还能造成亦幻亦真的效果

图4-17　通过绘画在二维的空间中营造三维空间的假象

图4-18　通过灯光的强度、亮度、光照来营造空间

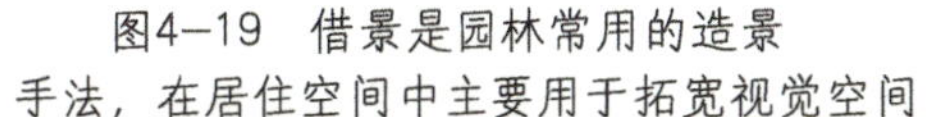

图4-19　借景是园林常用的造景手法，在居住空间中主要用于拓宽视觉空间

3. 通过家具隔断等改变空间格局（图4-20、图4-21）

家具在居住空间中的作用，除了其自身的使用功能外，也能通过其隔断的作用来达到改变空间的目的。

图4-20　家具隔断分割出空间

图4-21　镂空、木架形成了似隔非隔的空间

[能力训练]

作业名称：改变空间结构设计。

作业形式：学生在老师给出的一张居住空间的建筑结构图中，改变一些可改变的空间，并在方案设计中表现出来。

作业要求：在A3图纸上以草图的方法在原建筑结构图中完成室内空间的再设计。

课题五 居住空间功能设计

课题概述：居住空间的功能设计，一是对建筑空间本身所具备的功能进行完善设计，二是对具体的使用空间中的各种功能进行设计。

学习目的：通过本课题的学习，了解居住空间功能设置的类型及怎样进行功能设计。

一、居住空间的功能设置

沙利文提出“形式跟随功能”论点后，勒·柯布西耶随后也提出“房屋是居住的机器”论点。19世纪末20世纪初的西方建筑师大多都将功能摆在了第一位。从人的需求的层次来讲，功能也是排在前列的，评价居住空间好坏的基本层次为功能——形式——精神润泽。

功能需求分层是指人们在居住时，对使用的功能需求是从最基本的需求到更高的需求。图5–1～图5–4是居住空间的功能分层图，从极简单的住宅功能设置、普通住宅、完善的住宅到高级住宅，功能的需求是不断增多和提高的。

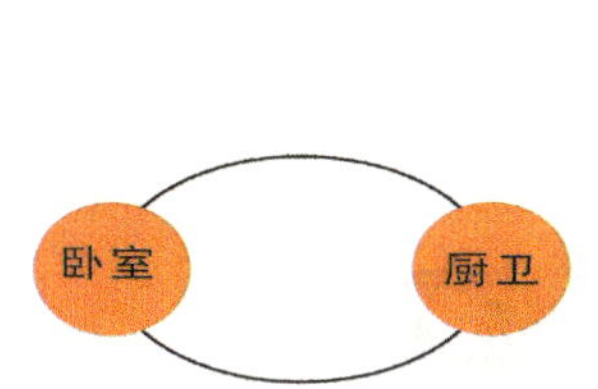

图5–1 简单居住空间的功能设置

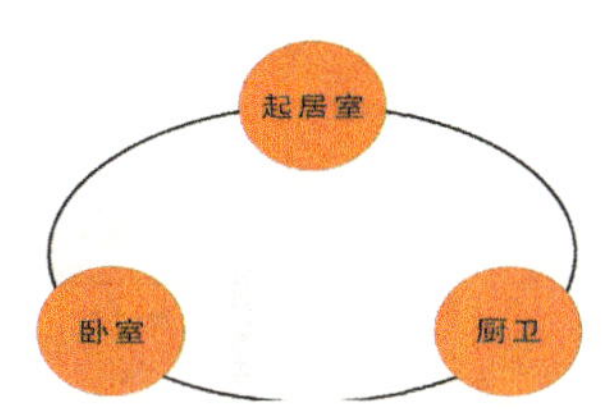

图5–2 一般居住空间的功能设置

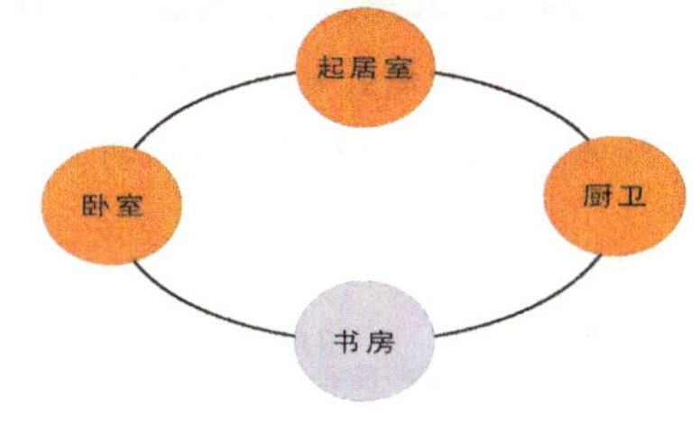

图5–3 较为完善的居住空间功能设置

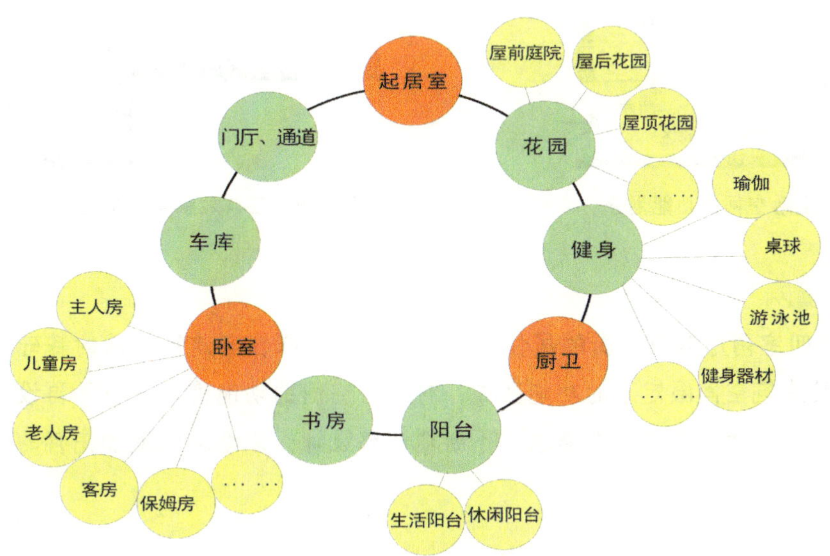

图5–4 高级住宅居住空间的功能设置

二、功能区的划分设计

在居住空间的功能设计中，为保证居住的安全与舒适，各功能空间应有合理的关系，空间之间交通顺畅，设计时要充分考虑到公私分离、食宿分离、动静分离，干湿分离，并尽量减少行为时的相互穿行干扰。在进行功能布置设计时，应该特别注意的是功能设计不是简单的家具实物堆放，而是根据具体的室内空间环境、业主家庭成员的生活习惯及爱好，以及行为安全便捷等进行功能区划分设计。

（一）功能区设计案例1

如图5–5～图5–8所示是居住空间功能分区设计的步骤，以及不同类型的业主所需的功能分区。

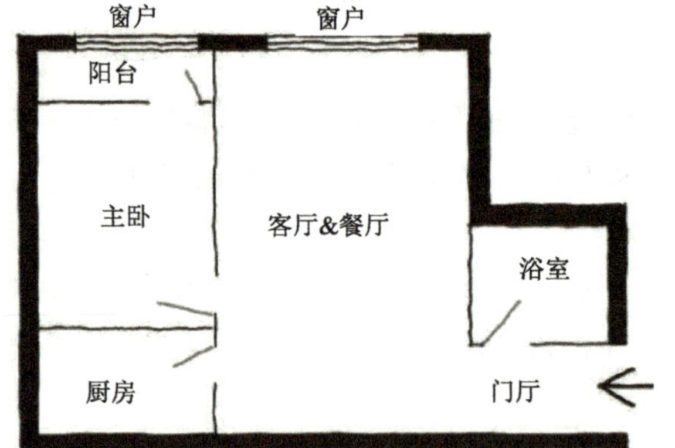

图5–5　根据空间的大小来确定功能的范围和多少，划分出相应合理的功能区域

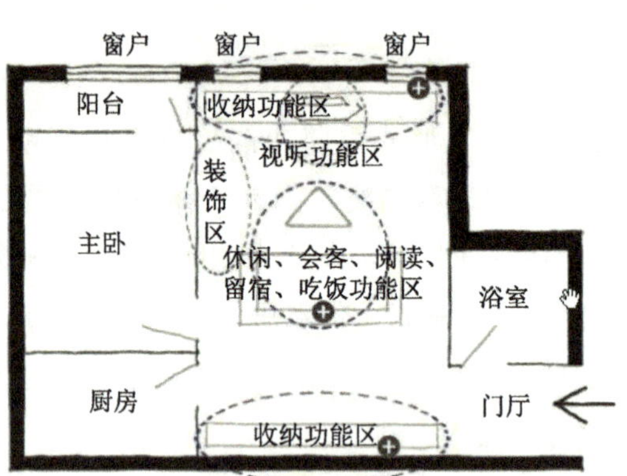

图5–6　单身生活空间的功能划分

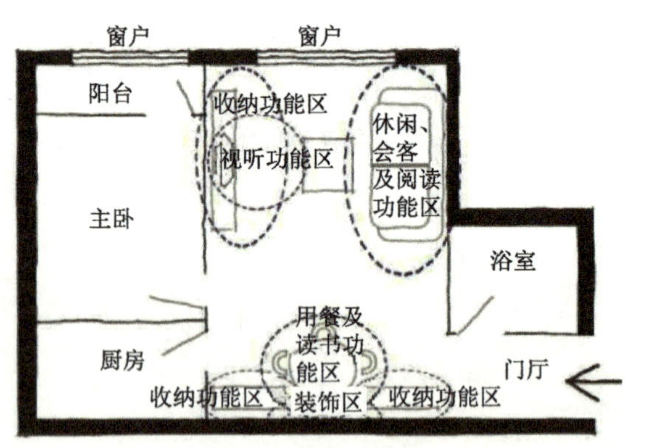

图5–7　两口之家生活空间的功能划分

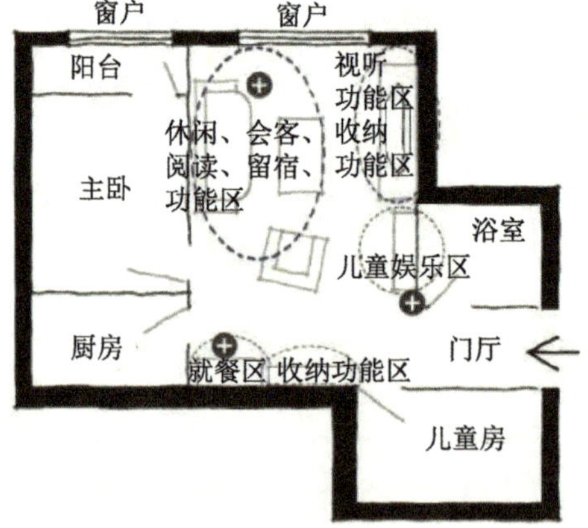

图5–8　三口之家生活空间的功能划分

（二）功能区设计案例2

图5–9所示为一套四室两厅双卫一厨的居住空间。设计者在原住宅建筑空间的基础上，尊重业主的生活习惯和爱好，就其建筑空间限定了的功能区域，对各个空间的功能需求进行了再设计，以及在草图到方案确定的过程中，根据功能的合理性需求，不断地调整设计，以期达到更加完善的效果。下面是整个功能设计思路分析：

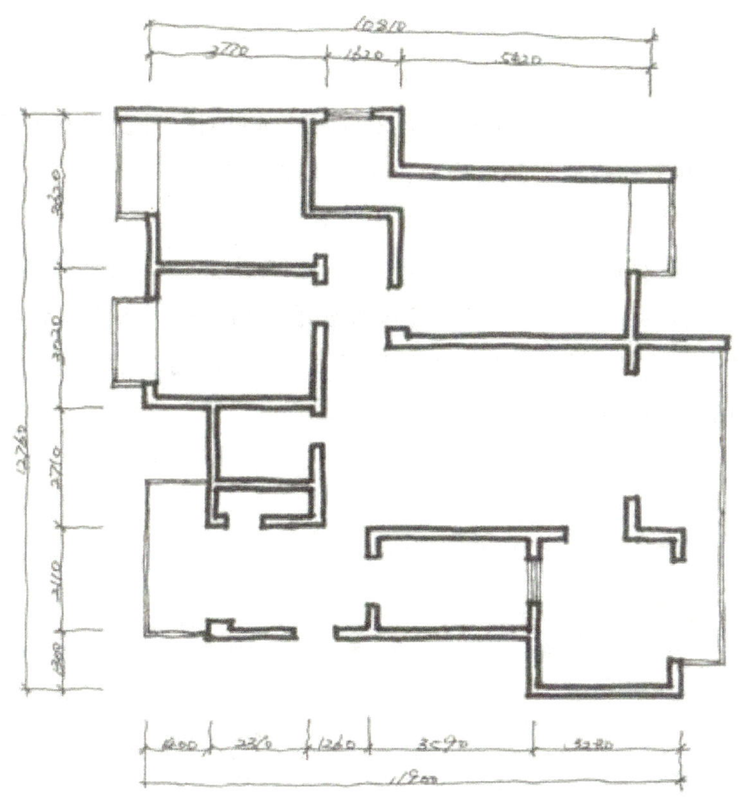

图5-9　对原住宅框架进行大体分析，在尽量满足业主需求的基础上进行空间的划分

1）首先是对原住宅建筑空间的功能框架进行了解，对其不合理的地方进行确定和分析（图5-10），然后征求业主的意见，了解他（她）们在功能需求方面有什么特别的要求。如果有可能，就要尽量满足业主的要求；如果确实困难，也要向业主分析说明不可能的因素和原因。

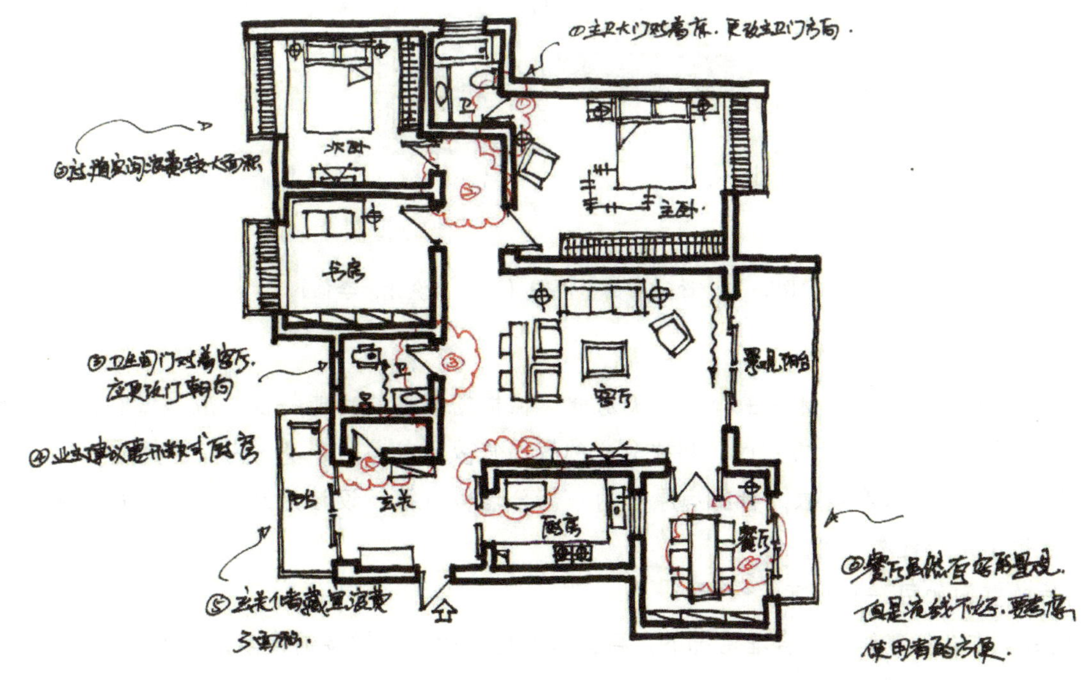

图5-10　对平面图进行分析，找出问题（设计：李仙）

2）设计者与业主在功能需求方面取得共识之后，就可以对平面图进行方案草图的设计，这一步十分重要。这套四室二厅两卫一厨的居住空间，由于业主希望有较多的储藏空间；所以，在满足卧室功能需求的前提下，将靠近主卧的房间设置为一个休闲房兼更衣室。

3）在对平面图设计分析时发现，原主卧卫生间一则对着床，二则无法满足更衣间的功能需求，所以将卫生间的门改动了方向。原客卫的门直接对着客厅，加之空间太小，设计时将隔墙去掉，将门改向。这样的改动同时使客厅增加了用餐空间区域又满足了餐区的需求。

改动后的空间如图5–11所示。

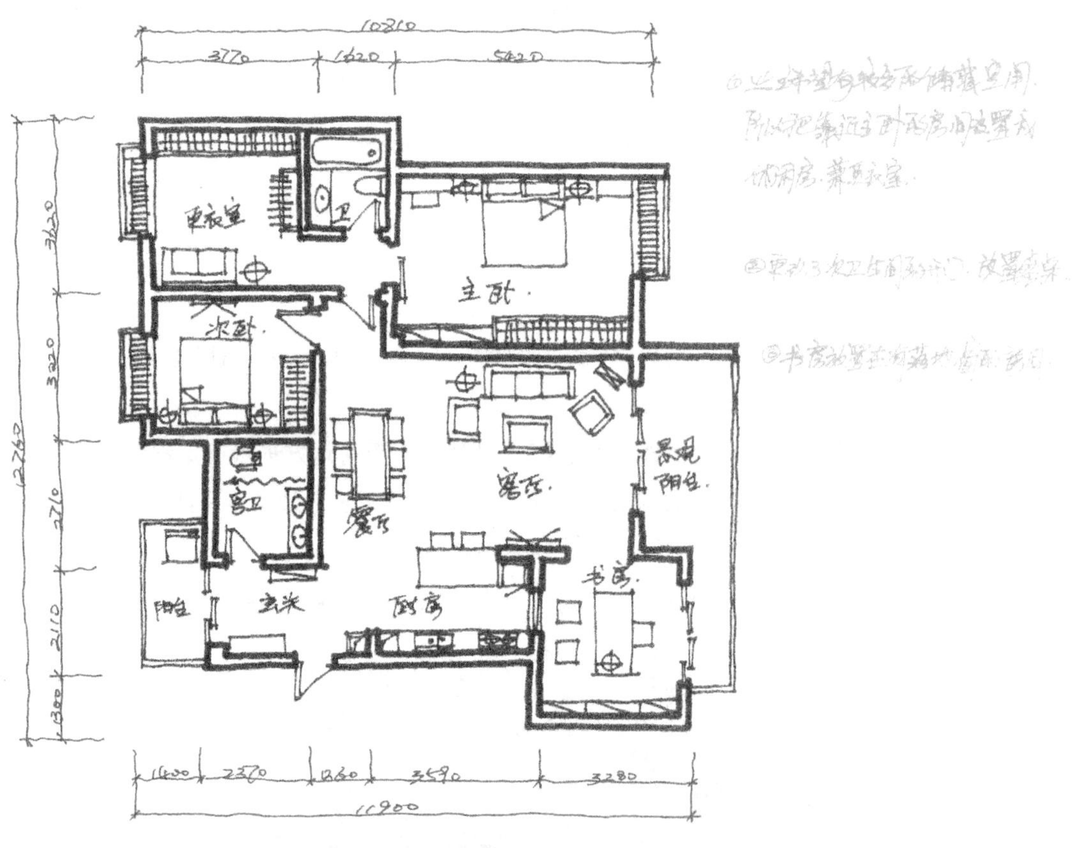

图5–11　改动后的平面图（一）（设计：李仙）

4）初步方案是将书房设计在主卧的左侧房间，但根据书房的功能特性，应该设在光线较好又较为安静的地方，所以在修改设计方案时，将原独立的餐厅修改为书房，环境更为安静舒适。

5）根据业主的建议和要求，将厨房原有的一部分墙体打掉，设计为开敞式的厨房。另外，玄关旁边的小阳台也用来放置洗衣机。

改动后的空间如图5–12所示。

6）最后，在功能整体设计合理情况下，再完善其地面的材料拼装铺设等，如图5–13所示。

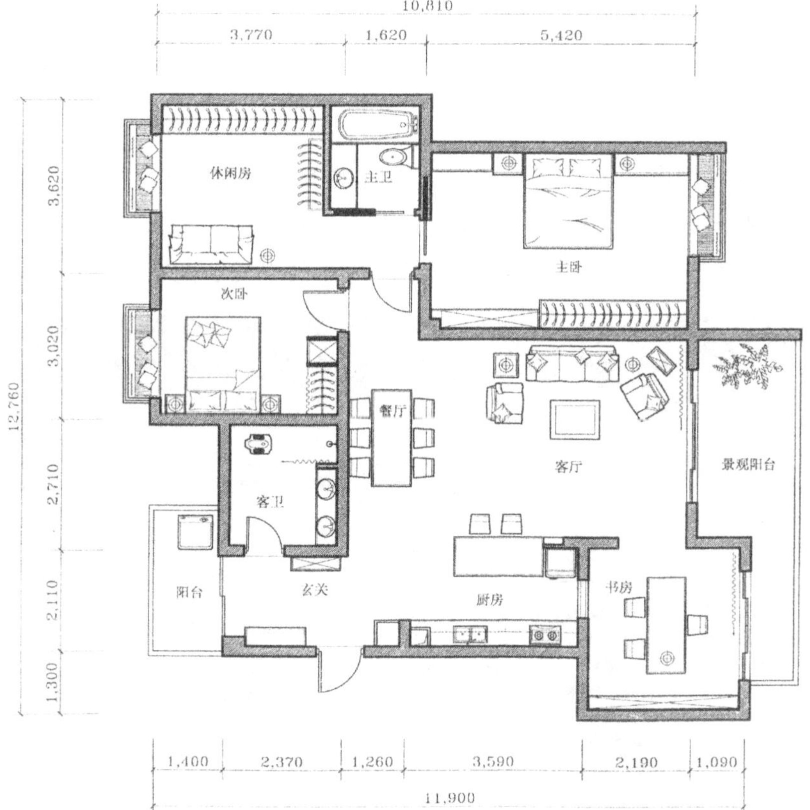

图5-12 改动后的平面图（二）（设计：李仙）

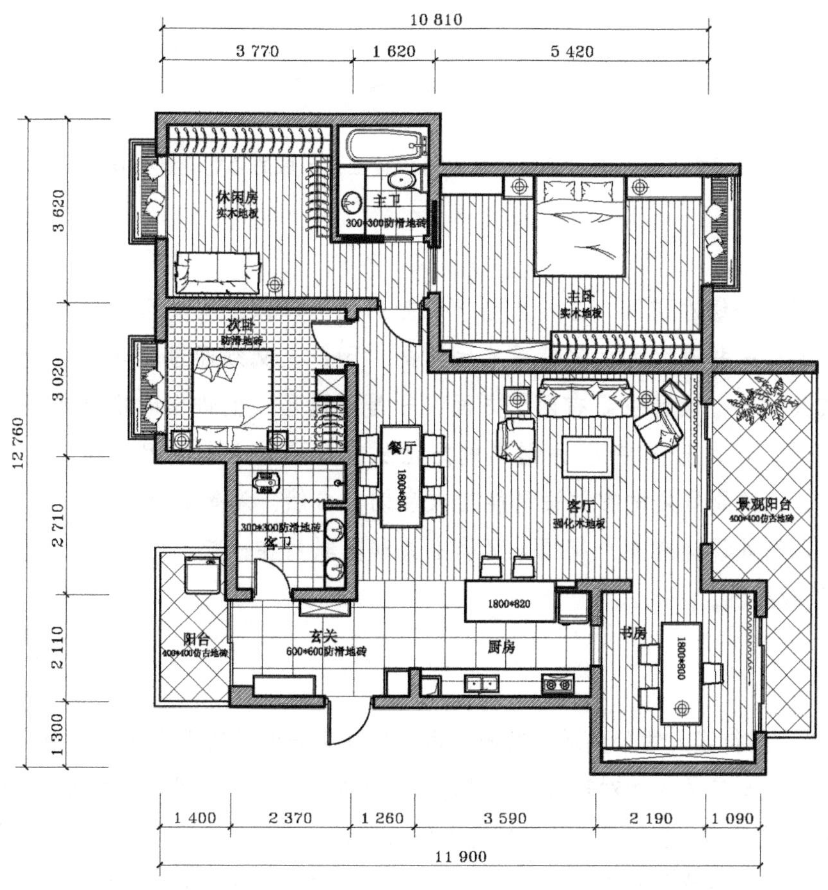

图5-13 修改完成图（设计：李仙）

三、居住空间的几个主要区域的功能设计

现代居住空间里，主要功能区域有：玄关（门厅）、客厅（起居和会客）、卧室（主卧和次卧，次卧包括老人房、儿童房、客房）、书房、餐厅、厨房、卫生间、其他空间（入户花园、阳台、储存空间、步入式更衣间等）。图5–14所示为一套三室二厅一厨双卫的居住空间功能布局。

图5–14　这是一套三室二厅一厨双卫的居住空间，其主要区域的功能设计合理

1. 玄关（门厅）

玄关是人们进入室内的第一个缓冲空间，会给人留下深刻的第一印象。玄关区域空间较小，一般都不会紧挨窗户，要想利用自然光来提高区间的光感是有困难的。因此，必须通过合理的灯光设计来烘托玄关明朗、温暖的氛围。玄关的功能设计主要有两个方面，一是要满足人们进出时换鞋或整理衣冠的需求，所以要设计如鞋柜等家具；二是分隔空间，用隔断的方法从视觉感受上予以阻挡和延缓，以免使人一进门就对客厅“一览无余”。恰到好处的玄关设计能给人亲切、自然、温馨的感受。

另外，现在有些住宅在入门处设计有入户花园，可将玄关和其联系在一起。

图5–15～图5–18为玄关效果图。

2.客厅

客厅是家庭成员相聚交流、接待客人的公共活动空间，也是居住空间设计的重中之重。由于它具有家庭所需的“公共活动”的功能，其活动空间应相对较大。在进行客厅功能设计时，一般在沙发围合与视听墙形成的中心空间布置中，主沙发可尽量靠墙，留出更多的空间范围供人活动和通行，满足沙发与视听墙之间所需的距离，达到好的视觉效果。同时，还须充分考虑客厅的照明。客厅的照明分为基本照明和装饰照明，基本照明

是为了满足夜晚人们的基本活动的照明，而装饰照明则是为了营造环境气氛和突出风格特点而设计的照明。另外，在色彩设计上，应选用多数人能接受的明快、大方、充满温情的色彩，使人心理感受愉悦、轻松。

图5-19～图5-22为客厅设计效果图。

图5-15　木制的中式家具，中国的窗花，空灵和实用的鞋柜作隔断，将客厅和玄关两个空间既分割又联系起来

图5-16　强烈的中国风格的装饰图案设计在入门口正面，构成了一个给人印象深刻的玄关空间

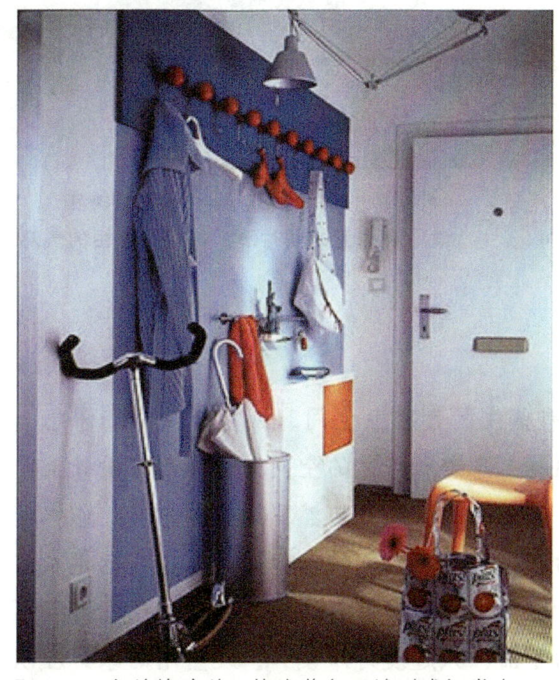

图5-17　玄关墙壁以一块浅蓝色区域形成视觉中心，将挂钩应用到上面，呈现出一种自由随意的空间效果

图5-18　简洁而实用的玄关装饰鞋柜，在背景暖色的装饰光衬托下，使空间有了梦幻之感

图5-19　以壁炉为中心的客厅设计，灯光足，色调为简洁的白色

图5-20　主沙发靠墙，暖色调的客厅在开敞的阳台自然光照明下充满温情，而明亮的吊灯色调显得干净明快

图5-21　沙发后墙采用全壁的镜面磨花，不仅在视觉上拓宽了客厅的空间感，而且使整个室内环境充满了现代感

图5-22　磨花玻璃和绿色植物在黄绿色光源的映衬下，具有了自由的气息

3.卧室

卧室分为主卧和次卧（老人房、儿童房、客房等），有些主卧带有卫生间。卧室是供人们休息、身心放松的场所，是居住空间中的私密空间。要创造这样温馨、宁静和舒适的空间，在其功能设计上需要从色彩、灯光、空气流通、无噪等方面着重考虑。卧室宜采用防滑、贴近自然或柔软的材质，如木地板、地毯等材料。老人房间的设计应根据老年人的生理、活动方式和生活习惯来考虑，以关怀老年人健康，给其行动带来安全与方便为设计中心思想，如最好靠近卫生间。客房宜简洁大方，由于居住时间不多，功能配备不必过于复杂。儿童房的设计则要根据儿童的年龄、兴趣爱好来设计。儿童用的家具应以符合儿童的生理尺寸为设计准则，使儿童在取物操作时能方便顺手。儿童房的空间界面及家具的色彩可

饱和、鲜明些，造型应生动，以满足儿童的好奇心理。另外，儿童处于生长发育期间，在设计儿童房时应考虑到不同年龄阶段不同性别的儿童差异。如女孩更喜欢色彩鲜艳、花朵造型的物品等。

图5–23～图5–28为卧室效果图。

图5–23　色彩与灯光营造出了一个温馨、浪漫而静谧的主卧室空间

图5–24　安静的中性色调适合老人房（设计：詹华山）

图5–25　造型元素上以圆弧形为主，桃心、沙发、地台、特别是顶棚上的人物头像，超越了常规的视觉范围、震撼力强；在色彩运用上以黑、红为主，打破了平庸，极具个性

图5–26　蓝白色相搭配，是永恒的清凉：此卧室应用了浅蓝色调，白色的沙发、灯具、窗帘在阳光下显得清爽而飘逸。床上的蓝色被套呼应房间色调，营造出一个安静清雅的空间环境

图5-27　儿童房的色彩要避免沉闷，设计时要留出孩子玩耍的空间，高低层次的运用可以使儿童房的空间层次和功能使用更加丰富

图5-28　床、窗帘及墙上的花边图案与绿色相呼应，充满了小女孩的天真烂漫与朝气

4．书房

书房是收藏书籍、读书写作及办公的地方，如果说客厅是“动”态空间，那么书房则是相对的“静”态空间，具有一定的私密性。人在书房的活动主要集中在书桌（或电脑桌）旁边。对于书房来说，主要与人体行为有关的是书柜、桌、椅的家具尺度设计，以保障人在看书学习时取书和操作的需要。由于书房的特殊功能要求，在设计书桌和书柜的位置、方向时也应充分考虑到朝向、采光、通风等人体所需求的环境，同时，还要注意营造书房的文化与艺术氛围。

图5-29～图5-34为书房效果图。

图5-29　书房的位置充分利用了房间转角的空间，设计安排十分灵活（设计：李仙）

图5-30　书房的设计以简洁为主，温馨的木质材料与经典的装饰品相配，使书房显得高贵典雅

图5—31　黑色玻璃与镜面不锈钢的搭配，体现出男主人刚毅的性格

图5—32　开阔的窗户，阳光洒入，空气流通，室内弥漫着书香。在这样的环境下读书学习令人心静

图5—33　传统样式的书桌和书柜在白色的墙壁映衬下显得古典厚朴。特别是书桌摆放在建筑的弧形空间中，充分而巧妙地利用了其建筑结构，窗外的阳光和绿色更是设计的神来之笔

图5—34　此书房设计简洁自然，书房与外部连接通过帷帘来分割和合并空间，使用方便，家具和地板与帷帘色彩统一，温情怡人

5. 餐厅

餐厅的主要功能是供家人及亲朋好友用餐。餐厅设计应以人的行为和空间尺度为准，餐厅所配备的餐桌、餐椅大小和数量也应根据空间和常用餐人数来设计，这样才能满足功能的需求。餐厅的位置应靠近厨房与客厅，这样有利于饭菜上桌和就餐路线更为人性化。现在餐厅常常与客厅有明显的分隔，或者以轻质隔断或以家具来分隔成相对独立的用餐空间；开敞式厨房与餐厅常常以吧台取代墙体来进行象征性的划分。餐厅可以通过造型和色彩表达一定的个性主题。餐厅照明要考虑人的视觉心理，色彩要温馨、轻松、活泼，可以餐桌为中心，以集中式的照明为好。

图5—35～图5—40为餐厅效果图。

图5–35 餐厅与客厅在同一个空间里面是最常见的设计形式，需注意餐厅与客厅风格的统一和变化

图5–36 餐厅的位置宜靠近厨房，这样饭菜才能便捷地上桌，利于进餐

图5–37 相对独立的用餐区显得温馨亲切

图5–38 室外空间的引入使整个用餐区格调优雅

图5–39 木质的餐桌、绿色的布艺座椅造型有趣，淡绿的物品在壁画的点缀下给人以生机盎然的印象

图5–40 不锈钢、镜面等元素让现代风格展露无遗，呈现出奢华高贵的气质

6. 厨房

厨房在家庭生活中具有非常突出的作用。厨房的功能设计要尽量根据原有的水、电、气管道设置，因地制宜，尽量不要加以改动。厨房设计应充分考虑人操作活动的安全性，注意防滑、通风、排水、排油烟等方面。厨房内应配备足够的储藏空间。厨房操作较为劳累，因此厨房的家具和设施的设置必须符合人体的动作习惯和操作流程（洗涤、调理和烹饪），这样使用起来才会顺手、便捷。厨房的色彩应以单纯、明快为主，在视觉上营造出干净、清爽的心理效果。厨房吊柜高度与底柜操作台面的尺寸应该以女主人为主要参照对象进行设计，也要根据女主人操作的习惯及爱好，来确定厨房是开敞式还是封闭式。

图5-41～图5-46为厨房效果图。

图5-41　简洁的厨房设计

图5-42　开敞式的厨房设计

图5-43　大厨房空间常融合多种功能，中岛吧台设计为家人提供了聚集的场所（设计：李仙）

图5-44　浅色的厨房色调配合木纹的橱柜，呈现出日式风情。小巧的餐桌方便进行简单的就餐（设计：李仙）

图5-45　开敞式的厨房与餐区连在一起，空间感觉也较为开阔。特别是整体橱柜的蓝白色在红色餐椅的对比下，色调显得十分明亮

图5-46　红色将视线引向操作台面，中岛吧台的清洗处和简单用餐结合在一起，体现了功能的多样性

7. 卫生间

卫生间的设计在现代居住空间中越来越受到人们的重视，卫生间已从原来单一的如厕功能向漱洗、沐浴、化妆、如厕、洗衣等多功能的方向发展。在卫生间有限的空间里，合理地设计各个功能间的关系是卫生间设计的重点。应将面盆、坐便器（蹲便器）、浴缸（淋浴房）尽量按人的行为流程和生活习惯设置，特别注意一定要有足够的空间来满足人在洗澡时所需要的动作范围。家有老人使用浴缸时，在浴缸墙侧边应设有扶手或拉手，以帮助老人起身。在卫生间功能设计时应遵循以下基本要求：①地面按3%～5%坡度处理地表排水；②地面注意防滑、防漏处理；③卫生间器具宜选择方便、安全、易于清洁的器具；④如卫生间面积允许，尽量考虑盥洗和沐浴干湿分区。另外，在条件许可的情况下，也可将面盆、洗衣机等设计到如厕前的过渡区域中，以使家庭成员如厕和漱洗能同时进行。一般卫生间的色彩以浅色调为宜，在视觉上可以拓展空间，同时也可以表现主人独特的审美个性和风格。

图5-47～图5-52为卫生间效果图

图5-47　黑白搭配是卫生间常用的方法（设计：李仙）

图5-48　个性化的台盆体现出了主人的生活情趣，让卫生间简洁却不简单（设计：李仙）

图5-49 具有阿拉伯风格的隔断将卫生间干湿分区，墙面的彩色瓷砖与地面的彩色地砖十分协调统一，将功能和审美艺术结合了起来

图5-50 通透的卫生间环境在室外阳光的照射下，显得十分轻灵，整个卫生间以黄绿色调为主，在绿色植物和软饰品的装扮下，设计出了一个温情的夏日环境

图5-51 木门、木桶浴、木凳、鹅卵石，在秋日的阳光下令人十分惬意

图5-52 红砖的粗糙，白色的洁具精巧而细腻，两者构成了一个后现代派的卫生间

8.其他空间

(1) 阳台空间设计　阳台是建筑物室内空间的延伸，一般有悬挑式、嵌入式、转角式三类。它不仅是居住者接受光照、呼吸新鲜空气、摆放盆栽、进行户外锻炼、观赏、纳凉、晾晒衣物的场所，还可以变成宜人的小花园，使人足不出户也能欣赏到大自然中的色彩。阳台空间设计需要兼顾实用与美观的原则。

图5-53～图5-56为阳台效果图。

图5-53　这种嵌入式阳台往往被人们设计成一个简单而又实用的空间

图5-54　无设计即设计，将阳台外的美景借入进来，就是最好的设计

图5-55　将悬挑式阳台设计成一个悠闲的喝茶厅

图5-56　这个阳台设计是轻装修、重装饰的典范。在明媚的阳光中细细品茗，幽幽的茶香飘散，自然让人神清气爽

（2）储存空间　储存空间，顾名思义，就是用来储藏东西（如日用品、衣物、棉被、箱子、杂物等物品）的空间。很多时候储藏室空间可能很小，但设计时一定要注意充分利用空间。在设计储藏室的时候，要根据具体的情况将储藏室分隔成若干个空间，将轻巧、干燥的东西放在上面的搁板上，大而重的物品放在下面；不常用的东西放在里面，经常用的东西放在外面。

图5-57～图5-60为储存空间效果图。

图5–57　开敞的储藏区域使人的活动自由顺畅

图5–58　滑门式的开闭节约了使用空间

图5–59　将储藏室的柜子分隔成若干格以满足放置不同物品的需求

图5–60　储藏柜的设计一定要根据放置功能的需要来设计空间的大小和高低，使人取物自然、方便

（3）步入式更衣间　所谓步入式更衣间就是在家中的一个房间或是一个空间，利用数个衣柜合围成一个空间，构成一个可以走进去的“大衣柜”。如今，很多面积较大的居住空间中都出现了步入式更衣间。在这里，家庭成员的衣服、鞋帽、包囊、饰品等都集中归类展示，方便了穿用，简化了收纳。每个家庭成员的衣物都可以分门别类地放置在一起，既方便了主人查找，又节约了住宅的使用空间。

图5–61～图5–64所示为步入式更衣间效果图。

图5-61 步入式更衣间的功能性较强，设计风格跟主卧一致

图5-62 设计以简洁为主，避免产生凌乱感。更衣间配置了座椅，这里不仅是一个储存衣服的场所，更是安静休息的空间

图5-63 步入式更衣间常常与主卧卫生间相连，并配置有穿衣镜，让人活动的空间更加合理有序

图5-64 衣柜的功能与更衣的功能合二为一

[能力训练]

作业名称：完成一个功能划分平面图设计。

作业形式：在只有外墙构成的一套居住空间内，自己划分所需要的功能空间。

作业要求：先完成方案草图设计，再在计算机里完成效果图制作。

课题六 居住空间风格设计

课题概述：居住空间设计风格是建筑风格的延续，随着人们对居住环境个性化的要求不断提高，对装饰风格追求也越来越强烈，更多的装修风格必将融入到家居装饰设计中。

学习目的：通过本课题的学习，了解一些装饰风格的形成与发展，它们对时下的风格设计有何影响，掌握时尚流行的设计风格。

纵览世界历史，祖先们走出洞穴，从单纯地追求温暖和安全，到追求有品位的生活。人类光辉的历史和灿烂的文化给我们留下了各式各样的建筑风格，雅典卫城、西斯廷大教堂、故宫等都是值得骄傲的文化遗产。不同的建筑风格也带来了不同的装饰风格。室内装饰风格作为建筑风格的延续，无论在古代还是在现代，无论是东方还是西方，都曾有过璀璨纷呈的艺术流派。这些经历过光辉之路的设计风格至今对我们的居住空间还产生着巨大的影响，还在一点一滴地渗透于今天的家居装饰设计中。随着人们对人文精神需求的增加和对不同居住空间风格设计的向往，使现代居住空间在装饰风格上呈现出了百花齐放的格局。欧式、中式、简约主义、现代风格、混搭等都是当下居住空间中流行的时尚设计风格。

一、中式风格

简洁、硬朗的直线条；高空间、大进深；室内布置对称，空间上讲究层次；多用隔窗、屏风来分割空间，移步换景，配以古朴的图案，格调高雅；雕梁画栋、金碧辉煌的空间艺术；精雕细琢、瑰丽奇巧的工艺制作；庄重与优雅的双重气质是中式风格的完美形象。

特点：实木传统家具（多为明清家具），以黑、红为主的色彩浓重而成熟；将传统中国字画、匾额、盆景、古玩、屏风、博古架等陈设其间，以达到修身养性的境界；装饰细节上崇尚自然情趣，精雕细琢，富于变化，充分体现出了中国传统美学精神。

图6–1、图6–2为中式风格设计效果图。

图6–1　经过提炼古典中式与现代气息协调配合，产生了一种现代中式风格（设计：王茂虎）

图6–2　现代中式风格是比较自由的，装饰品可以有多种风格，如绿色植物、布艺、装饰画等

二、欧式风格

欧式风格豪华，大气，奢侈，具有欧洲传统艺术文化特色的风格。典雅的古代风格，纤致的中世纪风格，垂直向上的哥特式，富丽的文艺复兴风格，浪漫的巴洛克、洛可可风格，一直到庞贝式、帝政式的新古典风格，淳朴的地中海风格，欧洲在各个时期、各个地域都有着精彩的演绎。

特点：曲线趣味性强，采用非对称法则，色彩柔和艳丽，崇尚自然；采用天然的石质、木料，精致的手工地毯和织物，给人以豪华、优雅、和谐、舒适、浪漫的感觉。罗马柱、阴角线、藻井、壁炉、开放式厨房、拱门窗、条纹和碎花墙纸、雕塑、彩绘玻璃、铁花件及油画等都是欧式风格的设计符号。

图6–3、图6–4为欧式设计风格效果图。

图6–3　罗马柱式、金色的大角线、天然的石质材料、豪华的吊灯和手工地毯显示了欧式风格的气派

图6–4　拱门窗造型，碎花墙纸、油画及欧式的沙发和手工地毯构成了一个舒适、浪漫的欧式环境

三、简欧风格

简欧风格（也称现代欧式风格），是欧式风格的一种。从其字义上分析，简欧就是简化了的欧式装修风格。纯正的古典欧式风格适用于大空间，在中等或较小的空间里容易给人造成一种压抑的感觉，简欧风格则无这一缺点。简欧风格的清新也更符合中国人内敛的审美观念。简欧风格多以象牙白为主色调，浅色为主、深色为辅。简欧风格在目前别墅装修中十分受欢迎。

特点：摒弃了过于复杂的肌理和装饰，简化了线条。对称性较强，造型上注重圆和方，材料使用精细而贵气。

图6–5、图6–6为简欧设计风格效果图。

图6–5　简洁方正的藻井造型和家具的设计，配以欧式吊灯，形成了一个简欧风格的室内空间（设计：王茂虎）

四、现代风格

图6–6　象牙白为主色调的室内空间，在纤致的中世纪风格的窗户、木地板及简洁的沙发衬托下，显示出了简欧风格的清新

现代风格即现代主义风格。现代主义也称功能主义，强调以功能为设计的中心和目的，它是工业社会的产物，起源于1919年的包豪斯学派，并将现代抽象艺术的创作思想及其成果引入室内装饰设计中。现代主义风格提倡突破传统，强调功能空间之间的逻辑关系；注重发挥构成本身的形式美，造型简洁，反对多余装饰，崇尚合理的构成工艺；尊重材料的特性，讲究材料自身的质地和色彩的配置效果；强调设计与工业生产的联系。概括简朴、抽象灵活、简约清新、实用通俗、色彩跳跃，更接近人们生活，是现代风格的突出特征。

特点：由曲线和非对称线条构成，如花梗、花蕾、葡萄藤、昆虫翅膀以及自然界各种优美的形体图案等，多体现在墙面、栏杆、窗棂和家具等装饰上。金属、涂料、瓷砖、玻璃、陶艺等新材料被广泛运用，强调其质感与性能。色彩运用多为纯净色调，突出个性和美感。

图6–7、图6–8为现代风格设计效果图。

图6–7　装饰性的金属栏杆、镜面刻花玻璃、简洁大方的沙发和抽象的地毯图案使整个室内空间有着很强的现代感

图6–8　抢眼的装饰图案，通透的餐桌和门，纯净而跳跃的色彩共同营造了一个现代风格的空间

五、混搭

当今，在多元文化的背景下，建筑设计和室内设计在总体上呈现出多元化和兼容并蓄的状况，特别是在室内设计中，将既趋于现代又吸取传统特征的家居装饰风格，即流行的“混搭”设计风格也运用到了家居设计里面，使装饰与陈设融古今中外于一体。例如，传统的屏风、陈设和茶几，配以现代风格的墙面、门窗及造型新颖的沙发；欧式古典的门窗造型、灯具和壁面装饰，配以传统的东方家具和陈设、

小品等。混搭风格虽然不拘一格，运用多种体例，但在设计中仍然需要匠心独运，在其形体、色彩、材质和视觉效果搭配等方面要不断推敲，不然整个空间就会显得凌乱。

特点：混搭可以是风格的混搭，可以是材质的混搭、色彩的混搭，也可以是年代与时间的混搭。

图6–9、图6–10为混搭风格设计效果图。

图6–9 中式隔断、欧式吊灯、现代茶几与挂画和谐相处

图6–10 简约的家具和浪漫的水晶灯混搭出色彩丰富的家

六、田园风格

田园风格派是在人类生存环境不断遭到破坏、城市人口拥挤、生活节奏不断加快、居住环境恶化的情况下产生的。最先始于国外一些大城市，起初周末，居住在城市里的人去郊外享受自然风光带来的清新空气，紧张、忙碌了一天的人们希望能在自己的住宅中享受到恬静舒适的田园生活氛围，因此引发了在城市住宅中追求田园景观的室内设计流派，故称为田园风格派。

特点：安静、自然、清新。

图6–11、图6–12为田园风格设计效果图。

图6–11 设计色调十分淡雅，床幔在温柔的阳光和风的吹拂下显得恬静自然

图6–12 磨花玻璃和绿色植物，在黄绿色光源的加强下，具有浓厚的田园风情

七、波西米亚风格

原文为Bohemian，一般译为波西米亚，原意指豪放的吉卜赛人和颓废派的文化人。追求自由的波希米亚人，在浪迹天涯的旅途中形成了自己的生活哲学，穿衣风格上也自然混杂了所经之地各民族的影子：印度的刺绣亮片、西班牙的层叠波浪裙、摩洛哥的皮流苏、北非的串珠，全都熔为一炉，杂糅成一种令人耳目一新的“异域”感。波西米亚风格代表着一种前所未有的浪漫化、民俗化和自由化。波希米亚不仅象征着流苏、褶皱、大摆裙的流行服饰，更成为了居住空间设计的一种风格。

特点：自由洒脱、热情奔放、流浪颓废和放荡不羁。

波西米亚风格设计效果图如图6–13、图6–14所示。

图6–13　奢华另类、个性高贵的波西米亚风格的室内设计，深蓝、黑色与“玫瑰灰”是这种风格的基色

图6–14　毕加索式晦涩的抽象画和斑驳陈旧的中世纪宗教油画，层叠波浪窗帘，迷离错综的地砖神秘而放荡不羁

八、现代简约风格

现代简约风格在处理空间方面，一般强调室内空间要宽敞、内外通透。墙面、地面、顶棚、家具陈设乃至灯具器皿等均以简洁的造型、纯粹的质地、精细的工艺为其特征，并且尽可能不用装饰和取消多余的东西。现代简约风格认为任何复杂的设计、没有实用价值的特殊部件及任何装饰都会增加建筑和装饰造价，强调形式应更多地服务于功能。

特点：简洁、精细、实用。

图6–15、图6–16为现代简约风格设计效果图。

图6–15　简洁实用的家具使室内空间显得宽敞

图6–16　顶棚、墙面的造型十分简洁，沙发与茶几等家具也简约实用

九、地中海风格

地中海风格具有独特的美学特点。它一般选择自然的柔和色彩，在组合设计上注意空间层次，充分利用每一寸空间，集装饰与应用于一体；在组合搭配上避免琐碎，显得大方、自然，散发出极具亲和力的田园气息；其特有的罗马柱般的装饰线简洁明快，流露出古老的文明气息。在色彩运用上，地中海风格常选择柔和高雅的浅色调，映射出它田园风格的本义。地中海风格多用有着古老历史的拱形状玻璃，采用柔和的光线，加之原木的家具，用现代工艺呈现出别有情趣的乡土格调。

特点：自然的柔和色彩，开放式的自由空间，古老高雅的田园气息。

图6–17、图6–18为地中海风格设计效果图。

图6–17　罗马式的门窗和古典的灯具造型简洁明快，富于装饰性，玻璃马赛克和门帘的点缀更增加了古老的气息

图6–18　淡雅的浅蓝色调，配以水元素设计的门，蓝色的地毯上弥漫着柔和的光线，充满了地中海风情

十、自然风格

自然风格是20世纪90年代开始兴起的装饰热潮，在当今高科技、快节奏的社会生活中，人们为了取得生理和心理的平衡，渴望回归到自然的居住环境里。这种回归自然的趋势反映在室内设计活动中，就是经常运用天然的木、石、藤、竹、织物等材质质朴的纹理，再配以精心设置的室内绿化，力求表现出悠闲、舒畅、自然的田园生活情趣。自然风格倡导的不仅是简单地摆放植物来体现自然的元素，而是以

空间本身、界面环境的设计乃至风格意境中所流淌出来的最原始的自然气息来阐释风格的特质。

图6–19、图6–20所示为自然风格设计效果图。

图6–19 客厅里的木制家具和木地板与室外的自然景色融为一体，表现出悠闲、舒畅、自然的田园生活情趣

图6–20 地面使用木板和鹅卵石，天然石材包柱在绿色树木的环境中充满了大自然的韵味

总之，家居设计风格种类繁多，如伊斯兰风格、东南亚风格、日本和式风格等，以及各个风格相互碰撞、交叉而产生的新风格等，这里不再一一介绍。随着时代的发展，各类室内设计风格已逐渐融入大众的生活，并被大众所接受。存在即合理，只要我们广泛摄取各种文化精华，将更多的装饰设计风格应用于居住空间设计，相信会使居住空间风格更多样化，更能满足人们的个性化需求。

图6–21～图6–26所示为其他设计风格效果图。

图6–21 简洁的直线和黑白灰色调构成了日本和式风格

图6–22 花纹壁纸、木地板与吊灯及美国式沙发表现出了美式乡村风格

图6–23　乡村风格

图6–24　由藤蔓植物编制的摇椅和水缸等构成了典型的东南亚风格

图6–25　阿拉伯式的柱、卷拱的造型和图案色彩流露出了阿拉伯风格

图6–26　后现代风格

［能力训练］

作业名称：完成一个自定的风格设计。

作业形式：以平面图、立面图、顶棚图等表现设计风格。

作业要求：手绘和电脑效果图表现均可。

课题七 居住空间家具设计

课题概述：家具是居住空间布置的主体部分，某种意义上来说，居住空间的设计就是家具布置的设计，家具对居室的美化装饰影响极大。所以，家具布置是否合理，将会影响居住空间的环境和生活质量。

学习目的：通过本课题的学习，认识家具的重要作用，掌握合理的家具布置方法。

家具能给我们带来方便，是我们生活中不可或缺的家居伴侣，因此家具在住宅室内设计中非常重要。随着社会的发展，人们生活水平的提高，对家具的要求不再仅仅是满足使用功能，还需要满足人们审美方面的精神需求。在居住空间设计中，家具还同时具有组织空间、利用空间、创造空间风格的作用。合理布置家具不仅会给人们带来使用的方便、安全、舒适，而且还会使人们的家庭生活环境和质量得到很大的提高。

这里所指的居住空间家具设计并非是指家具的具体设计生产制作，而是指家具在居住空间里面如何布置摆放。

一、家具的类型

家具类型按照其不同的种类属性可分为：

1）按家具风格可以分为：现代家具、欧式古典家具、美式家具、中式古典家具，新古典家具等。

2）按所用材料可以分为：实木家具、板式家具、软体家具、藤编家具、竹编家具、金属家具、钢木家具，及其他材料组合（如玻璃、大理石、陶瓷、无机矿物、纤维织物、树脂等）家具。

3）按功能可以分为：办公家具，客厅家具、卧室家具、书房家具、儿童家具、厨卫家具（设备）和辅助家具等。

4）按家具结构可以分为：整装家具、拆装家具、折叠家具、组合家具、连壁家具、悬吊家具等。

5）按家具的档次可以分为：高档家具、中高档家具、中档家具、中低档家具、低档家具等。

6）按家具的产地可以分为：进口家具和国产家具。

二、家具的作用

1．实用功能

家具是在生活、学习工作或社会实践中供人们坐、卧或支承与储存物品的一类器具与设备。家具的实用功能就是给人们在生活中提供方便，并且帮助人们完成各项活动。家具是为了满足人们一定的物质需求和使用目的而设计与制作的。家具的实用功能是其首要的功能和作用。

2．组织划分空间

在布置家具时，家具所在相应的位置就会使相应的区域划分为一个特定的使用空间。如，沙发、茶几布置在客厅，加上一块地毯，就构建成为一个具有向心合围感的会客区；餐椅围着餐桌摆放于餐厅，则形成了家居用餐区。

图7–1、图7–2所示为家具组织划分空间示例的效果图。

图7–1　将沙发、茶几合围摆放，就划分出了客厅的中心区

图7–2　餐桌餐椅划分出了用餐空间

3．弥补空间的不足

一是利用一些多功能组合型家具，能让狭小的房间呈现多种简单而实用的变化。通过家具的伸缩、旋转、叠放来达到节省空间的目的。如时下流行的沙发与床的组合、沙发与柜子的组合、书柜与书桌的组合等。

二是运用折叠型家具，有些不能组合的家具，必须单独使用的，可考虑折叠式制作法，用时打开，不用时收起，这样也可以节省空间。如餐桌、凳子等家具可制成折叠型。

三是做些层次型家具，可考虑向纵向发展，按使用功能分层设计。层次型家具比一般家具要节省面积。层次型家具可运用在厨房中，刀叉、菜板、油盐酱醋等东西盛放的家具可用层次型，这样既方便又节省空间。

四是家具小型化也可以有效地节省空间，在家具的设计制作上能小则小，尽量小型化，这样既不影响功能，又不占空间，如家中大部分时间只有几个人吃饭的话，餐桌可做小一点。

图7–3～图7–5所示为利用家具弥补空间不足的示例。

图7-3 多功能组合家具节省了空间

图7-4 层次型家具利用了空间

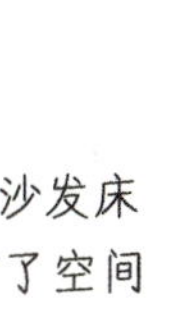

图7-5 折叠型的沙发床
既功能多样又节省了空间

4. 营造艺术氛围提高艺术修养（图7−6、图7−7）

家具是人类物质文明与精神文明的产物，它体现了不同时代、不同地域、不同民族的风格特征。不同的家具式样、材质和色泽在居住空间中组合，无论在视觉上还是心理感受上都具有独特的艺术表现力，我们经常会用家具的这种表现力来营造居住空间环境的艺术氛围。家具具有了观赏价值，人们可以通过家具了解不同的艺术流派和其人文特色，提高艺术修养。

图7−6　巴洛克（Baroque）风格的家具设计使人感受到了17～18世纪在意大利文艺复兴基础上发展起来的一种追求自由动态和富丽装饰的独特的建筑和装饰风格

图7−7　精细雕刻的木质家具，华丽的地毯，瓷瓶与花，处处透露出古朴典雅的中国韵味

三、家具布置的一些原则

家具是房间布置的主体部分，对居室的美化装饰影响极大。家具摆设不合理不仅不美观而且不实用，甚至会给生活带来种种不便。所以，在进行家具布置设计时，应把握一些基本的原则。根据家具在室内空间区域中的功能作用，一般习惯把居住空间分为三个区域：

1. 安静区

离窗户较远，光线比较弱，噪声也比较小，此类空间区域以摆放床铺、休息沙发座椅，衣柜等较为适宜。

2. 明亮区

靠近窗户，光线明亮，此类空间区域适合于看书写字，工作操作，以放写字台、书架、梳妆台为好。

3. 行动区

为室内进出的过道、室内公共活动的区域，在这些区域布置家具时，应该特别注意要保障人在此区域行走活动的方便和安全，不宜摆放过高的家具，以免遮挡人的视线带来不便。可在这些区域放置沙发、桌椅等。

总之，家具布置要遵循功能实用、使用方便、舒适美观，能表达主人的个人爱好和情趣的原则。

图7–8、图7–9所示为家居依上述原则布置的示意图。

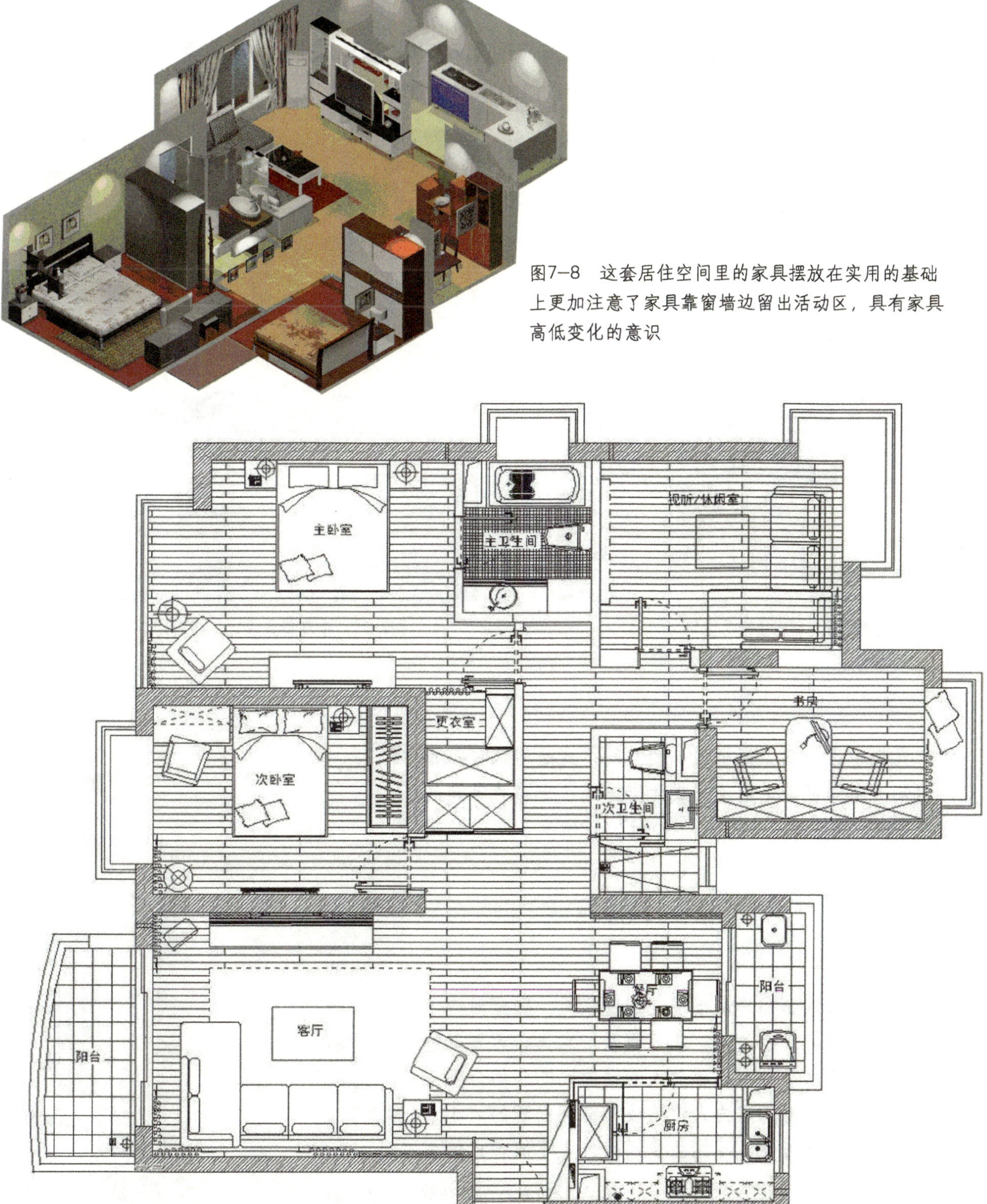

图7–8　这套居住空间里的家具摆放在实用的基础上更加注意了家具靠窗墙边留出活动区，具有家具高低变化的意识

图7–9　居住空间的平面图设计往往是实物家具的摆放设计，在其中可以很好地设计出静与动、亮与暗、生活与行动的空间区域

四、家具在空间中的位置形式

1．边式

家具沿四周墙边布置，留出中间空间位置，空间相对集中，便于室内活动，为室内起居活动提供较大的面积，如图7—10所示。

2．岛式

将家具布置在室内中心部位，留出周边空间，强调家具的中心地位，显示其主要性和独立性。周边的交通活动空间保证了中心区不受干扰和影响，如图7—11所示。

图7—10 衣柜家具沿墙边布置，留出中间的空间

图7—11 中岛餐桌设计，四周为活动空间

3．走道式

将家具集中在一侧，留出另一侧空间，或是将家具布置在室内两侧，中间留出走道，则成为走道式，走道式家具的摆放往往具有引导和指向的作用，如图7—12所示。

五、怎样合理布置家具

1．动静相宜（图7—13、图7—14）

现在，大部分家庭都是从市场上购置家具，购置时应了解居室的平面与空间尺度关系。从平面看，家具布置要动静相宜，即家具占用的静态空间要与人活动的动态空间合理安排，在布置家具时要考虑室内人流路线和空间面积的大小，使人的出入活动快捷方便，不能曲折迂回，更不能造成使用

图7—12 家具两边摆放形成行动过道

家具时的不便。一般来说，人的活动面积要占室内总面积的40%以上。从空间角度看，通过家具的相互组合，安排好人与家具之间的尺度关系，确定走道的距离，家具与家具之间才能井井有条，使人的活动方便。家具如果布置不当，会给人以拥挤杂乱之感。

图7–13 家具之间构成了多个空间

图7–14 虽然在客厅和饭厅之间没有明显界限，但是合理的家具布置使两者分工明确

2. 先大后小，先高后低（图7–15、图7–16）

具体地说，放置家具应按照先大后小、先高后低的顺序进行，因为小件家具总是依附于大件家具。大件家具一般指床、大衣橱、写字台、沙发等。高大的家具与低矮的家具还应互相搭配布置。高度一致的组合柜严谨有余而变化不足，家具的高度起伏过大，又易造成凌乱的感觉。所以，不要把床、沙发等低矮家具紧挨大衣橱，以免产生大起大落的不平衡感。最好把低矮家具作为过渡家具，由低向高逐步伸展，以获取较好的视觉效果。高大的橱柜应放在靠墙的一角。在进门或窗口处应放置低矮的家具。这样，高低调配，互相补充，使室内整体和谐统一。家具的布置应该大小相衬，高低相接，错落有致，若一侧家具既少又小，可以借助盆景、小摆设和墙面装饰来达到平衡效果。

图7–15 高低调配，和谐统一

图7–16 柜子、桌、床从高到低布置，过渡自然

3. 功能相连，视觉平衡（图7—17、图7—18）

一是将功能上有联系的家具布置在一起，根据不同的房间的功能需求来安排家具，以保证使用方便。

床：不宜直接对门或放置在靠窗口的位置，否则容易产生房间狭小的感觉。床头低平的一面应对着活动区。同时，床最好不要对着大衣柜的镜子。

衣橱：因为多数橱柜比较高大，所以不宜靠近门窗，以免影响室内光照；而且，家具长时间风吹日晒，也容易造成损坏。

写字台：应尽量安放在靠窗或光线充足、通风良好的地方。如果还需搭配其他家具，要注意留有足够的活动余地。

二是保证在正常情况下使用家具的条件。即家具会从视觉感官上使空间有增大或缩小的效应。如大件家具在视觉上会使房间变小，而大房间里放了太多的小规格家具则会显得凌乱。另外，家具的大小和数量应与居室空间协调。住房面积大的，可以选择较大的家具，数量也可适当增加一些，家具太少，容易造成室内空荡荡的感觉，且增加人的寂寞感；住房面积小的，应选择一些精致、轻巧的家具，家具太多太大，会使人产生一种窒息感与压迫感。

图7—17　沙发家具靠墙在一起，构成一个合围的向心空间

图7—18　居室较小的情况下书架可与床组合，节约了空间

第三，家具与住房的档次也应协调。高级的现代住宅，应配置时髦的家具；古老的深宅大院，应配置古色古香的硬木家具；一般的住宅，应选与之相适应的家具。居室较大的，除选用主要家具外，还可选一些小的茶几、衣柜等，以填补角落空白；居室较小的，宜选用组合家具、折叠家具或多用途家具。家具与住房匹配合适，就会产生一种视觉上的美感。

最后，家具最好配套，以达到家具的大小、颜色、风格的和谐统一，以及线条的优美和造型的美观。家具与其他陈设及装饰物也应统一风格，有机地结合在一起。

[能力训练]

作业名称：根据实际情况，选择几套不同类型的居住空间建筑框架图，进行家具的摆设设计。

作业形式：手绘草图或电脑效果图表达方式均可。

作业要求：要求图纸较为完整，作出平面图、立面图和顶棚图，并将设计的思路过程用文字大体表述出来。

课题八 居住空间风水设计

课题概述：中国传统民俗文化中，虽然传统的风水学有很多迷信的成分，但它提出的人与地理气候、风流水向、住宅朝向、色彩心理等影响人们生活的自然因素，却有很多科学合理的成分，风水的核心就是注重人与自然环境的相互感应，风水设计就是利用这些因素来满足人的生理要求和趋吉避凶的心理需求。

学习目的：通过本课题的学习，初步了解有关居住空间的风水知识，使之在设计中合理应用。

“风水”一词来源于郭璞《葬经》中“气乘风则散，界水则止，古人聚之使之不散，引之使有止，故谓之风水”，是指与阴阳住宅基地与地理形势，山脉水向有关的“生气”。在中国传统民俗文化中，人们认为这些风向水流选择应用的好坏，能招致人的祸福财运等。虽然传统的风水学有很多迷信的成分，但它提出的人与地理气候、风流水向、住宅朝向等影响人们生活的自然因素，却有很多科学合理的成分。我们古代的先人为了生存及居住环境的安全和舒适，从观察山川河流的态势和风向光照的变化中，总结出了“天人合一”的原则。即“人法地，地法天，天法道，道法自然”的思想，其核心就是注重人与自然环境的相互感应，对自身生活的周围环境和居住空间方位进行专门设计，使之满足人的生理要求和趋吉避凶的心理需求。所以，风水理论中科学合理的方面对居住空间设计具有一定的指导意义。

下面就居室空间方位与风水、家具设计与风水、色彩设计与风水等进行解析，以资应用与借鉴。

一、方位与风水

1. 门口处不宜厨厕夹对（图8-1）

打开门后见厨房和卫生间在玄关位置夹对，不宜选择。卫生间是人们如厕及进行个人卫生活动的地方，而厨房里的油烟、气味也会弥漫到门外来，二者相合，对身体十分不利。

2. 开门不宜直接看到窗外（图8-2）

门窗直接相对，房间内的对流风大，长此以往对健康不利。

图8-1　门口处不宜厨厕夹对

图8-2　开门不宜直接看到窗外

3. 开门不宜直对卫生间门（图8-3）

推门进屋，第一眼就看见卫生间门，不论远近都不宜，一来不雅，二来影响私密性。一般现代居住空间很少将卫生间设计在门口处，但一些老式的住宅是这样的布局，在重新装修时如有条件可把卫生间门改到其他方向。

4. 开门不宜直对卧室门（图8-4）

进来的家人或客人有可能不经意看到卧室里面，会感到尴尬或不礼貌；另外大门敞开，风吹直入，对老人和儿童也不宜。

图8-3　进门不宜直对卫生间门

图8-4　开门不宜直对卧室门

5．厨房门与卫生间门不宜直对（图8–5）

厨房与卫生间虽不在进门处夹对，但也应注意在整个居住空间内不要相对，二门错开为宜。一为就餐，一为如厕，从人的心理上及卫生角度讲都不宜相对。

6．卧室门不宜对卧室门（图8–6）

在户型设计中，这一类的情况较为多见，两门相对影响各自使用者的私密性。可通过装修改造来保持空间的独立性。

图8–5　厨房门不宜直对卫生间门

图8–6　卧室门不宜直对卧室门

7．卧室门不宜对卫生间门（图8–7）

卧室门不宜与卫生间的门正对，如果是一半相对的，在装修时再错开一点即可。人的起居之所，最好空气新鲜，因此不宜与卫生间相对。

8．卧室门不宜对厨房门（图8–8）

厨房如果与卧室相对，油烟会飘入室内，粘在家具和电器上，不易清洁。在目前的设计图中，厨房与房门相对的情况并不多见。

图8–7 卧室门不宜对卫生间门

图8–8　卧室门不宜对厨房门

9. 主卧室内的卫生间门不宜对着主卧睡床（图8-9）

凡是双卫生间的户型，第二卫生间常会设在主卧室内，卫生间门开向主卧床的格局较为多见，这种情况应该将卫生间门改向另一方为宜。

10. 两面镜子不宜正面相对而挂（图8-10）

虽然镜子确有增强空间感的功效，但并不是家中放镜越多，越能增强家居的空间感。两面镜子的景象来回反照会使人身体不适，产生眩晕之感。

图8-9 主卧室内卫生间门不宜对着主卧床

图8-10 两面镜子不宜正面相对而挂

11. 镜子不宜对窗（图8-11）

如窗外有别的住户，有可能在强日光的反射下，影响到他人的生活起居；即使没有其他住户，当窗外有强光射入，在室内经过反射，也会使居室内的人产生不适。

12. 大门不宜直通到底（图8-12）

如果一进门就立刻看到后门，一来给人的心理感觉不好，二来，寒冷季节，如家中有老人或病人，寒气易侵入，对健康不利。

图8-11 镜子不宜对窗

图8-12 大门不宜直通到底

13. 忌采光不看窗户朝向（图8–13）

面南或面东的窗户能够引入温暖的阳光，如早晨的阳光照在室内，给人生气勃勃的感觉；北面窗户引入的光线更加柔和；从西面来的日照光线最强，尤其是夕阳洒在室内，更别有情调。所以精心设计窗户朝向，不仅有利采光，还能增强室内空间的视觉效果。

图8–13　采光看朝向

14. 卫生间不宜设在房子中央（图8–14）

如果卫生间设在住宅的中央，给水和排水可能均要通过其他房间，维修非常困难，而且如果排污管道也需要通过其他房间，那就更加不便了。

15. 卫生间不宜与厨房相连（图8–15）

厨房紧邻厕所，卫生不易保证。

图8–14　屋中央不宜设卫生间

图8–15　厨卫不宜相连

二、家具布置与风水

不同的家具布置会给人不同的印象。家具合理搭配，布置恰到好处，会给人一种安全舒适的感觉。古人认为，好的家具布置可以使不平衡的房间获得平衡，从而使气流通畅，改变居住者的精神面貌。

1. 卫生间的镜子不可太小（图8–16）

卫生间必须有镜子，并且可以稍大，供梳妆敛容用，还可增大视觉面积及拓展视觉空间。

2．客厅不宜有梁柱（图8—17）

客厅如果有柱，会将客厅空间分隔，显得空间小，使客厅家具不好摆放；其次柱上大多会有横梁，不仅降低了室内空间高度，从心理上讲，也会使人有压迫感。所以，在室内设计时，多采用包梁的方式来取得好的视觉和心理效果。

3．书桌不宜放在横梁之下（图8—18）

读书、学习的人长期坐在处于横梁下的书桌前会使人产生很强的压迫感。

图8—16　卫生间的镜子不可太小

图8—17　客厅不宜有梁柱

图8—18　书桌不宜放在横梁之下

4. 字画悬挂不宜过高或过低（图8–19）

字画悬挂要高度适中。挂画的高度应距地面1.5～2.0m处为宜。字画悬挂位置宜选在室内与窗成90°的墙壁处，可使自然光源与画面和谐统一，真实感强。另外，同一室中的字画应保持在同一水平高度。画框可平贴墙，也可稍前倾（一般前倾15°～30°）。

5. 餐桌不宜直对厕门（图8–20）

餐桌忌与厕所门直对，以免影响食欲。

图8–19　字画悬挂不宜过高或过低

图8–20　餐桌不宜直对厕门

三、色彩与风水

有关五行的色彩运用与搭配自古便出现在我们的生活中。有“风水活化石”之称的故宫紫禁城的色彩搭配就绝妙地体现了五行相生的原则——紫禁城的城墙是红色的，而上面的琉璃瓦及故宫众多殿宇的屋顶为黄色，体现了五行中火（红色）土（黄色）相生的原理。历经数百年沧桑，紫禁城在今日更显其庄严富丽的王者风范。而这恰恰印证了我国古代哲学思想与建筑艺术的完美结合。中山公园（社稷坛）内的五色土，涵盖了中华大地东南西北中，更是五行观念的集中体现。

五行间相生相克的基本关系如下：

相生——木生火、火生土、土生金、金生水、水生木。

相克——木克土、土克水、水克火、火克金、金克木。

1. 室内色彩不宜杂乱（图8–21）

室内的色彩应以简洁为好，一定不可太多、太艳、太杂乱。尤其是空间已显狭小的房间，最好是墙与顶面用同一种颜色，外加一条墙与顶棚相交处的角线条以产生纵深感，而窗帘、床罩和沙发套则最好用同一种颜色或图案来增强统一效果。

2．墙面不宜使用纯色（图8−22）

墙面一般不宜使用纯色，虽然白色墙面往往给人一种宁静、平和的感觉，但最好不要使用纯白色。装修居室时，墙面一般采用比顶棚颜色稍微深一点的色彩，但不宜过暗，应较为明亮。

图8−21　室内色彩不宜杂乱

图8−22　墙面不宜使用纯色

3．厨房不宜用纯白色（图8−23）

纯白色的厨房虽然看起来美观大方，但因为厨房的油烟比较大，白色墙壁很容易被污染，纯白色不久之后就可能变成灰白斑驳的花色，影响美观。

4．家具颜色不宜太过繁杂（图8−24）

家具的颜色可以采用与墙面近似色或非近似色，但同一间房间的家具颜色应达到和谐统一，不能太过繁杂，以免五花八门使人眼花缭乱。不同种类的家具颜色应有明暗的变化，以使室内色彩有层次感，达到丰富环境的效果。

图8−23　厨房不宜用纯白色

图8−24　家具颜色不宜太过繁杂

5. 厨房不宜使用不新鲜的色调（图8–25）

厨房一般是家庭主妇的天地，鲜艳的黄、红、蓝及绿色都是令人心情愉快的厨房颜色。但在颜色的搭配上应注意不要使用使食物显得不新鲜的颜色。例如选择看上去清洁卫生的乳白色作为厨房的主色调，就不能出现偏绿的黄色，会从视觉上给食物覆盖上一种不新鲜的色彩，有一种病态的感觉。

6. 餐厅不宜使用让人倒胃口的色彩（图8–26）

灰、芥末黄、紫或青绿色常会使人倒胃口，应该尽量避免使用。

图8–25　不宜使用不新鲜的色调

图8–26　不宜使用让人倒胃口的色彩

7. 卧室颜色不宜过“暖”（图8–27）

卧室的颜色最好能让人心情舒畅，温馨祥和，以达到获得良好休息的效果。但是，如果将卧室色彩设计为过“暖”的暖色等，如红色等，则会影响睡眠。因为红色代表热情，整个卧室充满了红色，会让人过于激动，以致睡眠不佳。

8. 卫生间不宜采用绿色的墙面（图8–28）

卫生间不要选择绿色的墙面，以避免从墙上反射的光线会使人照镜子时觉得面如菜色而心情不佳。浅粉红色或近似肉色色调的卫生间会令人放松，觉得愉快。

图8–27　卧室颜色不宜过“暖”

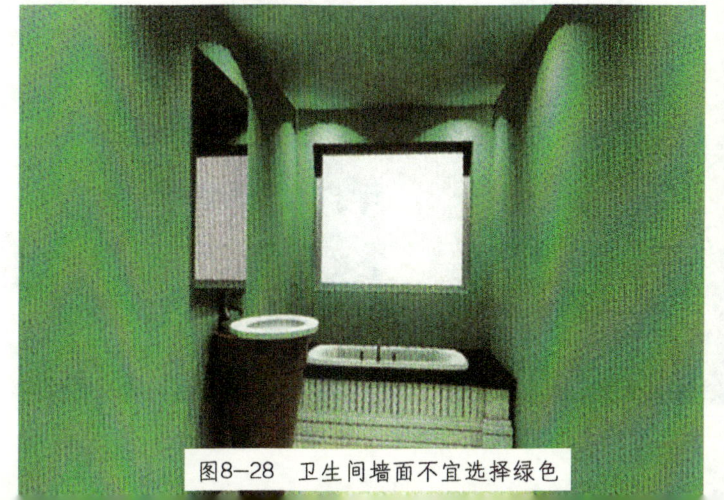

图8–28　卫生间墙面不宜选择绿色

9．不宜大量使用有色漆（图8–29）

房间的装饰设计不能为片面追求色彩而大量使用有色漆，以防止造成室内铅污染。

10．顶棚颜色不宜太深（图8–30）

如果顶棚的颜色比地板和墙壁的颜色深，会给人一种头重脚轻的压迫感。

图8–29　大量使用有色漆易招致铅中毒

图8–30　顶棚颜色不宜太深

11．书房色彩不宜过“艳”（图8–31）

由于书房是长时间使用的场所，应尽量避免强烈的色彩刺激，宜多用明亮的非彩色或灰棕色等中性色。顶棚的处理应考虑室内的照明效果，一般多用白色，以便通过反光使四壁明亮。

12．餐厅墙壁色彩不宜花哨（图8–32）

用令人眼花缭乱的色彩修饰餐厅，颜色过于繁杂鲜艳，会让人坐立不安，影响进食。

图8–31　书房色彩不宜过“艳”

图8–32　餐厅墙壁色彩不宜花哨

四、植物与风水

在居住空间中养植、摆放植物自古以来都有，不同种类、不同形态的植物，其自身的生长和对空间环境的作用是不一样的。所以在选择家中植物时要慎重，最好选择叶面宽阔或是生命力强的花卉为宜。

1. 不宜摆放危险花卉（图8—33）

有些花卉虽然美观，但不适宜摆放在家中，如月季花，会使人闻后感到胸闷不适，呼吸困难；兰花久闻会令人过度兴奋而引起失眠；紫荆花的花粉如果与人接触过久，会诱发哮喘症或使咳嗽症状加重；夜来香，会使高血压和心脏症患者容易头晕目眩，甚至会导致病情加重；郁金香则含有一种导致毛发脱落的物质。

2. 不宜栽种易枯萎的花木（图8—34）

不适合在室内养的花木有以下几种：带刺的花木；针叶状的花木；松柏类的花木；夜来香一类白天呼出氧气，晚上呼出二氧化碳的花木。

图8—33 不宜摆放危险花卉

图8—34 不宜栽种易枯萎的花木

3. 植物枝叶不应向下发展（图8—35、图8—36）

在走廊等局部空间突然放大的地段，可配备一些较大型的花卉，如龟背竹、散尾葵、龙血树、棕竹、橡皮树等，以改变其单调的环境。要注意，植物的叶部应向高处发展，使其不妨碍人们的视线与出入。

4. 室内盆栽不宜太多（图8—37）

配置植物应首先着眼于装饰美，数量不宜多，太多不仅杂乱，而且对植物的生长也不好。选择植物时须注意大小搭配。此外植物应靠角放置，不妨碍人的活动。

5. 卧室不宜摆放过多植物（图8—38）

卧室内放置植物，有助于提升休息与睡眠的质量。在宽敞的卧室里，可选用站立式的大型盆栽；小一点的卧室则可选择吊挂式的盆栽，或将植物套上精美的套盆后摆放在窗台或化妆台上。置于卧室的植物因为晚间会吸收氧气，释放二氧化碳，久之不利身体健康，所以卧室里不要摆放过多植物。

图8−35　过道不宜放有刺类植物

图8−36　植物枝叶不应向下发展

图8−37　室内盆栽不宜太多

图8−38　卧室内不宜摆放过多植物

6. 餐厅不宜摆放高大的植物（图8−39）

餐厅植物在摆放时要注意，植物的生长状况要良好，植株要低矮，才不会妨碍相对而坐的人进行交流。适宜摆放的植物有番红花、仙客来、四季秋海棠、常春藤等，但在餐厅中要避免摆设气味过于浓烈的植物，如风信子等。

7. 不宜栽植有毒和刺类植物（图8—40）

杜鹃花、含羞草、虞美人、马蹄莲、水仙花、一品红、飞燕草、紫藤、花叶万年青、石蒜、麦仙翁、如意、百合花及洋绣球花等均为有毒的植物，不适于在家里栽植。不宜栽植有刺的花或仙人掌，易伤人。

图8—39　不宜摆放高大的植物

图8—40　不宜栽植有毒和刺类植物

[能力训练]

作业名称：风水的应用。

作业形式：每个同学在其他同学设计的图中去分析了解、发现问题，并说明其原因。

作业要求：在自己选择的居住空间图中，用文字说明其风水的应用情况。

课题九 居住空间色彩设计

课题概述：本课题主要介绍居住空间的色彩构成和色彩类型两部分。色彩构成主要从界面色彩、主体色彩、点缀色彩来讲。而色彩分类则是通过大量图片来诠释居住空间各个空间的类型的色彩设计。

学习目的：通过本课题的学习，掌握如何运用界面色彩、主体色彩和点缀色彩来营造居住空间的氛围，利用色彩的属性来改变原有空间的不足。

一、居住空间的色彩构成

1．界面色彩（背景色）

居住空间界面色彩主要是指墙体、地面和顶棚的色彩。界面色彩是构成空间色调氛围的重要组成内容，在空间中起背景色作用。当门窗开敞或为大面积玻璃时，室外的景色也随时间的变化成为背景色。

图9—1、图9—2为某背景色设计效果图。

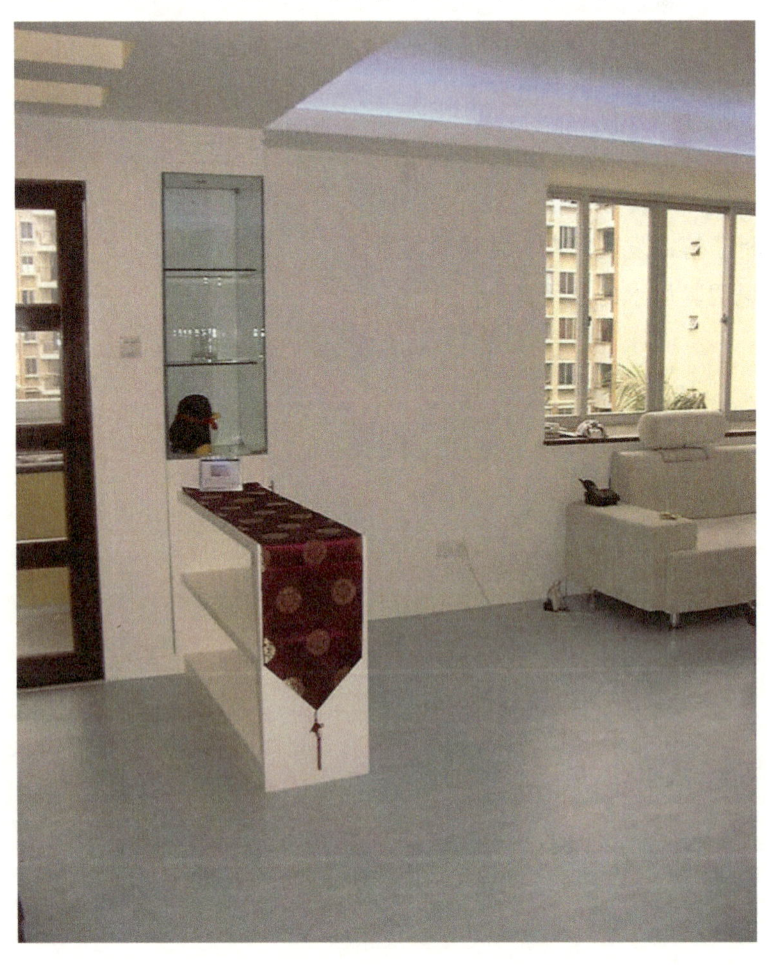

图9—1　天、地面与墙体的界面色彩相近，背景色统一有拓展空间的作用

图9—2　大面积的落地玻璃墙将室外景色作为背景色

2. 主体物色彩

主体物色彩是指居住空间中家具、窗帘、床上用品等的色彩，它们是除界面色彩外占据空间最多的部分，而且它们在居住空间中由于其实用功能和占据位置更为立体，具备更大的空间影响力。主体物色彩与背景色是互相制衡或互为图底的关系。它们的面积大小，色彩的明度、饱和度直接影响空间效果。

图9–3、图9–4为某家居设计主体物色彩。

图9–3　以白色为主的主体物色彩

图9–4　以红色为主的主体物色彩

3. 点缀色彩

点缀色彩占据空间面积不大，但往往能起到画龙点睛、活跃空间气氛、生动整体环境的作用。点缀色彩一般由织物、植物、艺术摆件、绘画、灯饰等来担当。

图9–5～图9–8为居室设计点缀色彩。

图9–5　餐布、餐椅色彩点缀

图9–6　橙色的点缀

图9–7　绘画色彩的点缀起到了视觉中心的作用

图9–8　画框与餐布，餐椅色彩的点缀

二、居住空间的色彩分类

根据色彩学的知识，居住空间的色彩可分为两大类，即有彩色系和无彩色系。

1．无彩色系

即由单一色彩构成的黑白灰变化系列，如图9–9所示。

图9–9　无彩色系

2. 有彩色系

有彩色系由色相、明度、纯度的对比形成低明度设计、中明度设计、高明度设计、低纯度设计、中纯度设计、高纯度设计等，如图9–10～图9–15所示。

图9–10 低明度设计

图9–11 中明度设计

图9–12 高明度设计

图9–13 低纯度设计

图9-14 中纯度设计

图9-15 高纯度设计

三、居住空间的色彩设计方法

1. 同类色设计

同类色比邻近色更加接近，它主要指在同一色相中不同的颜色变化。例如，红颜色中有紫红、深红、玫瑰红、大红、朱红、橘红等种类；黄颜色中又有深黄、土黄、中黄、橘黄、淡黄、柠檬黄等区别。在居住空间中采用同类色进行设计，易达到整个室内空间的协调统一，色调柔和不杂乱。同类色设计特别适合书房和老人房等室内空间的设计。

图9-16、图9-17为同类色设计效果图。

图9-16 同类的黄色使整个空间色彩十分协调

图9-17 明亮的同类灰色系列适合老人房的色彩设计

2. 邻近色设计

邻近色之间往往是你中有我，我中有你。例如，朱红与橘黄，朱红以红为主，里面略有少量黄色；橘黄以黄为主，里面有少许红色，虽然它们在色相上有很大差别，但在视觉上却比较接近。在色轮中，凡在60°范围之内的颜色都属于邻近色的范围。我们经常使用这种方法来进行居住空间设计，它既能取得空间的统一感，又有一定的色彩对比，统一中有对比，对比中有统一，生动而又活跃。邻近色设计宜在客厅、健身房等室内空间中应用。

图9–18、图9–19为邻近色设计效果图。

图9–18 相邻的蓝灰色在暖色光下既统一又有对比

图9–19 橙红色的沙发靠垫与浅黄的环境色对比中有统一

3. 互补色设计

色彩学上称间色与三原色之间的关系为互补关系，意思是指某一间色与另一原色之间互相补足三原色成分。例如，绿色是由黄加蓝而成，红色则是绿的互补色，橙色是由红加黄而成，蓝色则补足了三原色；紫色是由红加蓝而成，黄色则是紫的互补色。如果将互补色并列在一起，则互补的两种颜色的对比最强烈、最醒目、最鲜明：红与绿、橙与蓝、黄与紫是三对最基本的互补色。在色轮中，相对应的颜色都是互补色。这种色彩对比最强烈的视觉设计适合于居住空间中的儿童房。

图9–20、图9–21为互补色设计效果图。

图9–20 红与绿、蓝与橙的互补色设计

图9–21 强烈的互补色应用使儿童房空间感觉十分活泼

四、居住空间色彩设计

1. 玄关

玄关是家居入门后的第一道风景，其色彩的设计十分重要，由于一般的居住空间的玄关都不是太大，又是在走道上，所以光线较暗，在设计上最好采用明度高的色彩，在视觉和心理上产生拓展空间的效果。当然，玄关的色彩也要与相连的客厅求得统一。

图9-22、图9-23为玄关设计效果图。

图9-22 墙面的中国结红色与地面的红色相互呼应，玄关色彩很简洁

图9-23 玄关与客厅色彩相连，求得了空间的统一

2. 客厅

客厅是居住空间中的会客交流场所，客厅的色彩设计最常见的是以暖色为主调，亲切宜人，落落大方，以此营造出一派温馨的气氛。同时，客厅的色彩又要充分表现主人的个性，所以，客厅的色彩设计是最能够表达家庭设计主题的地方。

图9-24、图9-25为客厅设计效果图。

图9-24 暖灰色为主调，表现出温馨的氛围

图9-25 有个性的客厅色彩设计

3．卧室

人们在卧室中休息和睡眠，需要舒适、宁静、柔和的环境气氛。一般主卧的色彩多用偏暖、中纯度、中明度的色彩，如粉红色、淡紫色等，以表现温馨浪漫的气氛。当然，年龄的不同也会影响人们对卧室的色彩选择。年轻人喜欢丰富多彩的生活，选用的色彩鲜明丰富；对比较强的色彩对儿童智力成长有好处；中低明度、中低纯度色系比较适合于老年人晚年稳定、安逸的生活。

图9–26、图9–27为卧室设计效果图。

图9–26　粉红色调表现出温馨浪漫的气氛

图9–27　中明度、中纯度的色彩既亲切又稳重

4．餐厅

餐厅除了遵循一般的色彩设计规律外，还要充分考虑到它是家人和朋友们相聚用餐的空间，故在色彩设计上要能促进人们的胃口，所以应该以橘黄等系列色彩为主调。当然，餐厅也可以设计得更具个人色彩。

图9–28、图9–29为餐厅设计效果图。

图9–28　橙色的餐椅与墙面色彩让人在此用餐十分开胃

图9–29　暖灰色的色调与纱幔外透入的阳光，使用餐区显得十分清亮，也使墙面和花布融在一起，既有了对比，但又十分协调

5．儿童房

儿童房的色彩设计常以粉色系列为主，对于稍大些的儿童可以使用一些高纯度或中高明度的色调，甚至也可以用互补色彩，以形成欢快、活泼的对比效果。强烈的色彩世界有助于儿童的成长发育。但是，在具体的设计中要有针对性地考虑，男孩和女孩的不同、年龄大小不同等因素。

图9—30、图9—31为儿童房设计效果图。

图9—30　活泼的色彩对比

图9—31　强烈的色彩对比

6．厨房

厨房是整个居住空间里不可缺少的重要功能区，无论居住空间是大是小，它都占有重要的地位。厨房的色彩搭配应以单纯、明快、纯度较高的色彩为主，在视觉上营造出干净、清爽的心理效果。同样，厨房的色彩设计也可以以主题的方式来表达，这样能活跃环境，减轻劳累，如蓝天白云等。一般来说，在厨房操劳最多的还是女主人，所以，女主人对色彩的个人情趣爱好也是需要充分考虑的。

厨房设计效果图如图9—32～图9—35所示。

图9—32　纯度较高的厨房个性色彩设计

图9—33　蓝白色经典设计

图9-34　白色设计

图9-35　暖灰色设计

7. 卫生间

卫生间常见的用色多为浅色或白色，因为这些颜色让人感觉干净。这对于小面积的卫生间尤为重要，因为浅色会显得空间较大。还可以根据住宅所处的地区气候为卫生间设计色彩，如气候炎热地区的卫生间通常会选用冷色调，并加入白色、绿色等中性色使之更宜人。如果卫生间采用暖色，则应使用浅色或浅灰色。当然，现在的卫生间也不乏大胆地应用多种色彩，以追求强烈的个性化的设计方法。同时，卫生间内还可以配合摆放一些绿色植物，增强空间环境的雅致。

图9-36、图9-37为卫生间设计效果图。

图9-36　单一的白色设计，表现出了明快洁净的感觉

图9-37　卫生间活跃的色彩设计

[能力训练]

作业名称：效果图或透视图的色彩表现。

作业形式：在A3的图纸上手绘，或使用计算机对透视图加以色彩表现。

作业要求：要求色调明确，通过色彩表达你的设计意图和想法。

课题十 居住空间材料设计

课题概述：装饰材料是居住空间中所有界面和物体都离不开的，装饰表面的造型、式样、色彩、肌理效果都是由材料来完成的。材料对居室的装饰设计作用影响极大。

学习目的：通过本课题的学习，认识装饰材料的基本类型和材料的应用设计。

人们生活在空间环境中，无时无刻不接触到各种材料。材料一词出自拉丁语中的“物质”，它是设计师在设计的过程中用来体现设计作品的物质载体。

在居住空间环境设计中，不管是各界面的材料设计，还是家具产品、居室生活用品或装饰工艺品等，无疑都是用不同的材料制成的。与此同时，各种新材料的出现及应用，也标志着社会科学技术发展水平的提高，标志着国家和民族文化的繁荣，也是人类文明程度的象征。当今，在室内设计中各种材料的自身空间组合，材料质地的表现效果，不同物质材料与各种人文环境间的有机联系，是现代建筑和室内设计师最为关注的问题。运用现代装饰材料进行环境设计时，作为设计载体的材料本身，它的美感和功能会从多方位体现出来，这就带来了我们生存的空间环境的丰富和多样化。

一、装饰材料的分类

1）按材质分类有：塑料、金属、陶瓷，玻璃、木材、无机矿物、涂料、纺织品、石材等种类。

2）按功能分类有：吸声材料、隔热材料、防水材料、防潮材料、防火材料、防霉材料、耐酸碱材料、耐污染材料等种类。

3）按装饰部位分类有：墙面装饰材料、地面装饰材料、顶棚装饰材料等种类。

二、装饰材料种类及应用

1．墙面涂料

涂料是指涂敷于物体表面，可与基体材料很好地粘结并形成完整而坚韧保护膜的物质。由于在物体表面结成干膜，故又称为涂膜或涂层。墙面漆即面漆，也就是人们常说的乳胶漆。乳胶漆是以合成树脂乳胶涂料为原料，加入颜料以及各种辅助剂配制而成的一种水性涂料，是室内装饰装修中最常用的墙面装饰材料。乳胶漆和普通油漆不同，它以水为介质进行稀释和分解，具有重量轻、色彩鲜明、附着力强、无毒无害，不污染环境、施工简便、工期短、耐老化等特点。

设计应用：主要应用于墙面与顶棚。

图10–1、图10–2是涂漆应用效果图。

图10-1　涂料适合大面积装饰墙面，主导装修的基本风格

图10-2　涂料的色彩最容易形成风格，想改变也最容易

2．墙纸

墙纸也称为壁纸，它是一种应用相当广泛的室内装饰材料。因为墙纸具有色彩多样、图案丰富、豪华气派、安全环保、施工方便、价格适宜等多种其他室内装饰材料所无法比拟的特点，故在现代装修中越来越得到人们的推崇。墙纸分为纸面纸基壁纸、纺织物壁纸、天然材料壁纸、塑料壁纸等。

设计应用：主要应用于墙面、顶棚或其他局部。

图10-3、图10-4为壁纸应用效果图。

3．装饰板

木线条：一般用木质较细、比较耐磨耐朽、易加工上色、能粘结及钉钉的木材制成。木质线条造型丰富，样式雅致，做工精细，从形态上一般分为平板线条、圆角线条、槽板线条等。

设计应用：主要用于木质工程中的封边和收口，可以与顶面、墙面和地面完美配合，也可用于窗套、家具边角、独立造型等构造的封装修饰。它在装修中有美化细节、突出装修风格的作用。

图10-5、图10-6所示为木线条应用效果图。

图10–3　精致的壁纸体现出高雅的感觉

图10–4　壁纸与室内软装饰相呼应，统一了室内空间（设计：李仙）

雕花线条

图10–5　现代雕花线条可应用于古典的家居修饰中，
体现出古典高贵的视觉效果。

图10–6　木条用作墙面装饰，
纵向延伸，可提升空间高度

木饰面板：木饰面板是将木质人造板进行各种装饰加工而成的板材。由于色泽、平面图案、立体图案、表面构造及光泽等的不同变化，大大提高了材料的视觉效果、艺术感受和声、光、电、热、化学、耐水、耐候、耐久等性能，增强了材料的表达力并拓宽了材料的应用面。

设计应用：一般除了地面外，都可以根据设计需要而应用。

图10–7、图10–8所示为木饰面板应用效果图。

图10–7　木纹饰面板营造出清新自然的装修风格

木饰板

图10–8　暖色的木饰面板成了视觉的中心

铝塑板：铝塑板是由经过表面处理并用涂层烤漆的铝板作为表面，聚乙烯、聚丙烯塑料混合物作为芯层，经过一系列工艺加工复合而成的新型材料。由于铝塑板是由性质截然不同的两种材料（金属和非金属）组成，所以它既保留了原组成材料（金属铝、非金属聚乙烯塑料）的主要特性，又克服了原组成材料的不足，进而获得了众多优异的材料性质，如艳丽多彩的装饰性、耐候、耐蚀、耐冲击、防火、防潮、隔声、隔热、抗震、质轻、易加工成型、易搬运安装等特性，这些特点使铝塑板在室内设计中得到了广泛的应用。

设计应用：可应用在设计需要的界面和家具装饰物体上。

图10–9为铝塑板应用效果图。

金属装饰板：金属装饰板的材质种类有铝、铜、不锈钢、铝合金等。铜或不锈钢材质的装饰板档次较高，价格也高，一般的居室装饰选择铝合金装饰板的较多。

设计应用：多用于墙柱、栏杆和扶手等装饰部分，或用在需要的家具装饰物上。

图10–10为金属装饰板应用效果图。

图10-9　铝塑板

图10-10　磨砂不锈钢与镜面不锈钢形成虚实相间的雕花处理，让金属呈现出柔美感，小巧的空间精美而大气

不锈钢板

4. 石饰面板

装饰石材包括天然石材和人工石材两类。天然石材作为结构材料来说，具有较高的强度、硬度和耐磨、耐久等优良性能；而且，天然石材经表面处理可以获得优良的装饰性，可对建筑物起到保护和装饰作用。近年发展起来的人造石材无论在材料加工生产、装饰效果和产品价格等方面都显示了其优越性，成为一种有发展前途的建筑装饰材料。

大理石饰面板：天然大理石具有材质密实、抗压、色泽丰富、耐磨、耐介质侵蚀、吸水率低、不变形的特点。经研磨抛光后的大理石饰面板由于抗风化能力较差，主要用于建筑物室内饰面，如墙面、柱面、地面、造型面、台面等，一般不用于室外。

设计应用：多用于墙面和台面装饰部分。

图10−11～图10−13为大理石饰面板应用效果图。

图10−11　大理石是室内空间常用的装饰材料，能让空间呈现高贵典雅的效果

大理石

图10−12　大理石是高档卫浴空间中常用的材料，其自然的纹理较面砖而言更有肌理感

图10–13　墙面与地面用同一种大理石铺装，达到协调统一的视觉效果

花岗石饰面板：花岗石质地坚硬、耐酸碱腐蚀、耐高低温、耐磨、耐久。它的饰面板经磨光处理后，光亮如镜，质感丰富，有华贵的装饰效果。

设计应用：花岗石多用于居住空间室内地面、墙面、柱面、墙裙、楼梯、台阶、踏步、水池等造型部位。图10–14、图10–15所示为花岗石饰面板应用效果图。

图10–14　花岗石质地坚硬，常用于地面铺装

图10–15　花岗石台板

人造石材：人造石材一般指人造大理石和人造花岗石，以人造大理石的应用较为广泛。由于天然石材的加工成本高，现代建筑装饰业常采用人造石材。它具有重量轻、强度高、装饰性强、耐腐蚀、耐污染、生产工艺简单以及施工方便等优点，因而得到了广泛应用。

设计应用：多用于墙面和台面装饰部分。

图10–16、图10–17为人造石材应用效果图。

图10–16　人造石材常用作橱柜台面，其种类繁多，适用于各种装修风格（设计：李仙）

5. 墙面砖

在建筑装饰工程中，陶瓷是最古老的装饰材料之一。随着现代科学技术的发展，陶瓷在花色、品种、性能等方面都有了巨大的变化，为现代建筑装饰装修工程带来了越来越多兼具实用性和装饰性的材料。在现代建筑装饰陶瓷中，墙面应用最多的是釉面砖和锦砖。它们的品种和色彩多达数百种，而且新的品种还在不断涌现。

陶瓷釉面砖：又称为内墙面砖，是用于内墙装饰的薄片陶瓷建筑制品。它不能用于室外，否则经日晒、雨淋、风吹、冰冻后，将导致破裂损坏。陶瓷釉面砖不仅品种多，而且有白色、彩色、图案、无光、亚光等多种式样，并可拼接成各种图案、字画等，装饰性较强。

设计应用：多用于厨房、卫生间、浴室、内墙裙等墙面处的装修。

图10–18～图10–21为陶瓷釉面砖应用效果。

图10–17 人造石材台板

陶瓷锦砖：陶瓷锦砖俗称马赛克，是以优质瓷土烧制成的小块瓷砖。陶瓷锦砖按表面性质分为有釉和无釉两种，目前市面上的产品多为无釉锦砖。产品边长小于40mm，又因其有多种颜色和多种形状，拼成的图案类似织锦，故称做锦砖。陶瓷锦砖具有抗腐蚀、耐磨、耐火、吸水率小、强度高以及易清洗、不褪色等特点，可用于门厅、走廊、卫生间、餐厅及居室的内墙和地面装修。现在市面上还出现了金属马赛克、玻璃马赛克、镜面马赛克等产品。

设计应用：居室的内墙、厨卫墙面和地面装修。

陶瓷锦砖应用效果图如图10–22、图10–23所示。

图10–18 内墙面砖在卫生间的墙面处理上宜满贴

图10–19　内墙面砖可运用在厨房等需要防水处理的环境里

图10–20　内墙面砖不但颜色上选择多样，纹理的变化也更加丰富

图10–21　运用拼接的手段，内墙面砖可以形成不同的图案

图10–22　陶瓷锦砖用作卫生间墙面、地面以及台面的铺装，风格统一

图10–23　陶瓷锦砖的拼花处理，让材料有了更强的艺术表现力

三、地面装饰材料

（一）地面涂料

地板漆：用于建筑物室内地面涂层饰面的地面涂料。采用地板漆饰面造价低、自重轻、维修更新方便且整体性好，适应于室内地面。

设计应用：室内整体地面。

图10–24、图10–25所示为地面涂料应用效果图。

图10–24　地面涂料无缝光洁，营造出空灵的空间环境

图10–25　环氧树脂是常用的地面涂料，又称自流平地面

图10–26　卧室用实木地板温馨自然

（二）地板

1. 实木地板

实木地板的基材为原木，采用质地坚硬、花纹美观、不易腐烂的木材。这种以木材直接加工的实木地板，由于其纯天然的构造，至今仍然在市场上畅销不衰。木地板施工简便，使用安全，装饰效果好。因为其舒适性和使用自然材料，是居住空间中最常使用的材料。

设计应用：主要用于客厅，卧室，书房等的地面装修。

图10–26、图10–27所示为实木地板应用效果图。

图10—27　实木地板延用于墙面另有风味

2. 复合木地板

近些年来，由于人造板材的迅速发展，出现了采用胶合板、刨花板、硬质纤维板和中密度纤维板为基材进行二次加工制造的地板，也就是常说的复合木地板。因为其价格低廉，安装方便，已经成为市场的主流。复合木地板的花纹模仿自然木材纹理，可以达到以假乱真的效果，并且可以创造出一些新的纹理图案。

设计应用：主要用于客厅，卧室，书房等的地面装修。图10—28为复合木地板应用效果图。

图10—28　安装方便，价格低廉的复合木地板也能达到好的装饰效果

3．防腐木

防腐木是采用防腐剂渗透并固化木材后，使木材具有防止腐朽和生物侵害功能的木材。还有一种没有防腐剂的防腐木—— 炭化木，又称热处理木。炭化木是将木材的营养成分炭化，通过切断腐朽菌生存的营养链来达到防腐的目的，是一种真正的绿色建材、环保建材。防腐木是用于户外环境的露天木地板、户外木平台、露台地板、户外木栈道及室外防腐木凉棚的首选材料。

设计应用：主要用于室内入户花园，阳台及露台地面等。

图10–29、图10–30所示为防腐木应用效果图。

图10–29　阳台防腐木地板十分融入环境

图10–30　露台花园防腐木地板与环境材质浑然一体

（三）地面砖

1. 地砖

陶瓷地面砖因其质地坚实、耐热、耐磨、耐酸、耐碱、不渗水、易清洗、吸水率小、色泽统一美观，样式图案多、装饰效果好、易于批量生产等特点，常用在现代居住空间的客厅、厨房、卫生间和走廊的地面等处。随着科技的发展，现代地面砖已从早期的釉面砖发展到玻化砖、微晶砖等，从小尺寸发展到大尺寸。

设计应用：主要用于客厅、厨房、卫生间等的地面装修。

图10-31、图10-32所示为陶瓷地面砖应用效果图。

图10-31　大面积的空间常使用地砖，平整易洁

图10-32　微晶砖地面亮洁高雅

2. 水磨石地面

水磨石地面是将碎石拌入水泥制成混凝土制品后表面磨光的产品。其低廉的造价和良好的使用性能，使其在大面积建筑空间里被广泛地采用，一般居住空间里面很少用到。如今，现代室内设计也出现了对水泥混凝土地面不进行打磨，以达到一种随意、简洁的个性装修风格的方法。

设计应用：室内地面装修。

图10-33、图10-34所示为水磨石地面应用效果图。

图10-33　水泥地面有一种原始的美感

图10-34　有意识地不打磨水泥混凝土、使地面达到简洁个性的目的

（四）塑料地板

即用塑料材料铺设的地板，有块材和卷材两种规格。其品种、花样、图案、色彩、质地、形状的多样化能满足不同人群的爱好和各种用途的需要，如模仿天然材料，效果十分逼真，且能隔热、隔声、隔潮，容易清洁保养。

设计应用：主要用于客厅、卧室、书房等的地面装修。

塑料地板应用效果图如图10—35、图10—36所示。

图10—35　印花压花塑料地板装饰性强

图10—36　塑料地板可模仿出木地板材料的图案，质感很强

（五）地毯

地毯是以棉、麻、毛、丝、草等天然纤维或化学合成纤维类原料，经手工或机械工艺进行编结、植绒或纺织而成的地面铺装物，地毯的质感柔软厚实，行走舒适，富有弹性，并有很好的隔声、隔热效果，可调节室内氛围。在现代装修中常常采用局部铺装的方式。

1. 纯毛地毯

纯毛地毯主要原料为粗羊毛。羊毛地毯因具有质地柔软、耐用、保暖、吸声、柔软舒适、弹性好、拉力强等优点而深受人们的喜爱。家庭室内装饰常采用小块面纯毛地毯进行客厅或卧室局部铺设。

2. 化纤地毯

化纤地毯外观与手感类似羊毛地毯，具有吸声、保温、耐磨、抗虫蛀等优点，但弹性较差，质感较硬，容易吸尘积尘。

3. 混纺地毯

混纺地毯是在羊毛纤维中加入化学纤维而成，结合了纯毛地毯和化纤地毯两者的优点。

设计应用：主要应用于客厅、书房、卧室等的地面装修。

图10–37、图10–38所示为地毯应用效果图。

图10–37 满铺的地毯呈现出高贵奢华的装饰感

图10–38 地毯与沙发材质的呼应，整体而统一（设计：李仙）

四、吊顶装饰材料

（一）塑料扣板

塑料扣板又称为PVC扣板，是以聚氯乙烯树脂为主要原料，加入适量的抗老化剂、改性剂等，经混炼、压延、真空吸塑等工艺而成。它具有轻质、隔热、保温、防潮、阻燃、施工简便等特点。PVC扣板的规格、色彩、图案繁多，极富装饰性。

设计应用：多用于室内厨房、卫生间和其他顶面装饰。

图10—39、图10—40所示为塑料扣板应用效果图。

图10—39 PVC扣板吊顶应用于厨房吊顶，形态整洁明快

图10—40 极富装饰性的塑料吊顶呈现出的三维立体效果是传统吊顶所无法比拟的

（二）木质装饰板

木质装饰板是利用天然树种（如水曲柳、橡木、榉木、枫木、樱桃木等）装饰单板或人造木质装饰单板通过精密加工制得的薄木片，采用先进的胶粘工艺贴在基材上，经热压制成的一种高级装饰板材。木质装饰板分为天然木质贴面和人造木质贴面。其纹理图案自然真实、立体感强。

设计应用：主要应用于顶棚的造型和一些立面造型。

图10–41所示为木质装饰板应用效果图。

图10–41　木质装饰板用于吊顶造型，体现出浓厚的古典风格

（三）石膏板

石膏板分为装饰石膏板、纸面石膏板、嵌装式装饰石膏板、耐火纸面石膏板、耐水纸面石膏板、吸声用穿孔石膏板等几大类。不同品种的石膏板应该使用在不同的部位。如普通纸面石膏板适用于无特殊要求的部位，如室内吊顶等；耐水纸面石膏板其板芯和护纸面均经过了防水处理，适用于湿度较高的潮湿场地。

设计应用：主要用于顶棚和一些隔断部分。

图10–42所示为石膏板应用效果图。

图10-42　石膏板既做吊顶又做隔墙，统一了环境，拓展了空间

（四）金属扣板

金属扣板又称铝扣板，其表面通过吸塑、喷涂、抛光等工艺，光洁艳丽，色彩丰富，正在逐渐取代塑料扣板。金属扣板耐久性强、不易变形、不易开裂，质感和装饰感方面优于塑料扣板，具有防火、防潮、防腐、抗静电、吸声隔声、美观耐用等性能。金属扣板分为吸音板和装饰板两种，其形状有方形和条形。

设计应用：多用于厨房卫生间的顶面装饰。

图10-43、图10-44所示为金属扣板应用效果图。

图10-43　铝扣板在室内吊顶装饰装修中，整齐简洁

图10-44　大空间的厨房吊顶既统一又有色彩的变化，很有活力

五、其他装饰材料

（一）人造板材

人造板是装饰装修中大量应用的基本材料，它们是木材、竹材、植物纤维等材料经过加工制成纤维、刨花、碎料、单板、薄片、木条等基本单元，经干燥、施胶、铺装、热压等工序制成的一大类板材。这类板材品种很多，包括胶合板、软质纤维板、硬质纤维板、中密度纤维板、普通刨花板、定向刨花板、微粒板、实心细木工板、空心细木工板等，大多采用木材采伐剩余物、加工剩余物、间伐材、速生工业用材或非木材植物，如竹材、蔗渣、棉秆、麻秆、稻草、麦秸、高粱秆、玉米秆、葵花秆、稻壳等作为主要原料，资源广泛，成本低廉，是建筑和装饰装修目前和今后会大力发展的材料。

1．胶合板（图10-45）

行内俗称细芯板，由三层或多层1mm厚的单板或薄板胶贴热压制成。它是目前手工制作家具中最为常用的材料。夹板一般分为3厘板、5厘板、9厘板、12厘板、15厘板和18厘板六种规格。

2．细木工板（图10-46）

俗称大芯板，是由两片单板中间胶压拼接木板而成。它具有质轻、易加工、握钉力好、不变形等优点，是室内装修和高档家具制作的理想材料。

3. 刨花板（图10—47）

是利用木材或木材加工剩余物作为原料加工成碎料后，加入胶水和添加剂压制而成的薄型板材。具有密度均匀、表面平整光滑、尺寸稳定、无结疤和空洞、易加工等优点。

4. 密度板（图10—48）

也称纤维板，是以木质纤维或其他植物纤维为原料，施加脲醛树脂或其他适用的胶粘剂制成的人造板材。按其密度的不同，分为高密度板、中密度板、低密度板。

设计应用：以上各种人造板材除了可用于室内隔断和造型中，更多是应用在家具的设计制作中。

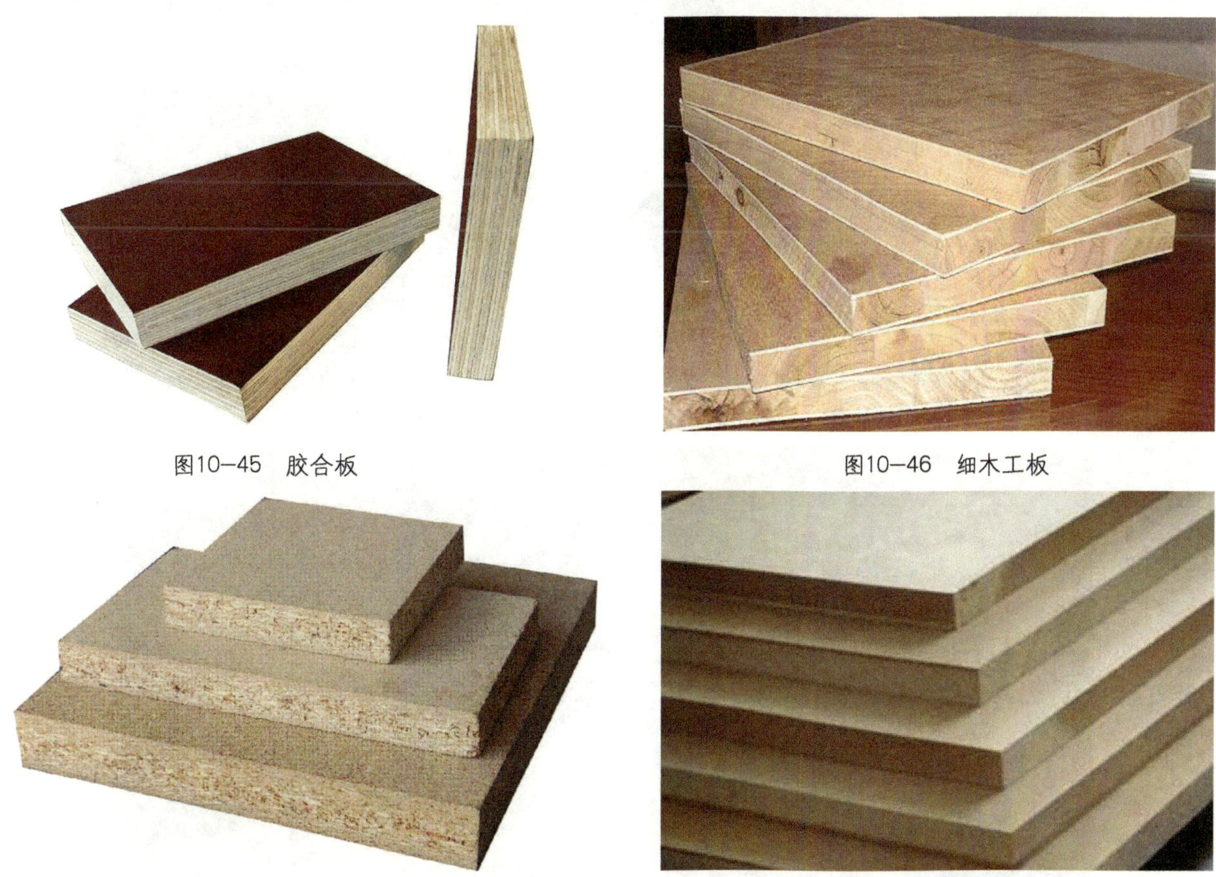

图10—45　胶合板

图10—46　细木工板

图10—47　刨花板

图10—48　密度板

（二）玻璃

玻璃是现代室内装饰的主要材料之一，大体上分为平板玻璃、钢化玻璃、夹层玻璃及中空玻璃几类。

随着现代建筑发展的需要和玻璃制作技术上的飞跃进步，玻璃正在向多品种、多功能的方向发展。例如，玻璃制品由过去单纯作为采光和装饰功能，逐渐向着控制光线、调节热量、节约能源、控制噪声、改善空间环境、提高艺术表现力等多种功能发展。具有高度装饰性和多种适用性的玻璃新品种不断出现，为室内装饰装修提供了更大的选择性。

设计应用：主要用于室内装饰的各种隔断、艺术墙面、顶棚表现等。

图10—49～图10—52所示为玻璃应用效果图。

图10-49　隔断材料增加了空间的通透感（设计：李仙）

图10-50　冰清玉洁的刻花玻璃增添了室内的典雅高贵感

图10—51　彩绘玻璃作电视墙，突破了透明玻璃颜色上的单一，使环境温馨怡人

图10—52　越来越多的艺术化处理，让玻璃材料呈现出新的生机

（三）金属

金属材料在建筑上的应用具有悠久的历史。在现代居住空间中使用的金属材料品种繁多，尤其是钢、铁、铝、铜及其合金材料等。它们耐久、轻盈、易加工、表现力强，这些特质是其他材料所无法比拟的。金属材料还能给人精美、高雅及高科技的感觉，因此成为一种新型的“机器美学”的象征，被广泛采用，如柱子外包不锈钢板或铜板，墙面和顶棚镶贴铝合金板，楼梯扶手采用不锈钢管或铜管，隔墙、幕墙使用不锈钢板等。

设计应用：墙面和顶棚，隔墙，楼梯扶手等。

图10—53、图10—54所示为金属应用效果图。

图10—53　不锈钢越来越多地运用在厨房中，橱柜的不锈钢面板呈现出一种未来科技感（设计：李仙）

图10—54　金属易于造型加工，墙面用不锈钢制作成的欧式装饰有一种后现代的韵味

（四）个性化装饰材料

个性化装饰材料是指能充分地表达和展现设计师的设计意图的物质材料。其实，在生活中看起来十分普通的物质材料往往都能作为居住空间的装饰材料。在现代设计中，常规的建筑装饰材料已经不能满足人们越来越个性化的需求，因此，个性化的材料作为室内设计的亮点，用作局部的气氛烘托，往往能达到很好的设计效果。

图10–55、图10–56所示为个性化装饰材料应用效果图。

图10–55　青砖用作墙面的装饰，烘托出古典的文艺气息

图10–56　利用瓦片的纵向与横向肌理烘托出意境（设计：李仙）

六、 现代室内装饰材料的发展特点

科学的进步和生活水平的不断提高，推动了建筑装饰材料工业的迅猛发展。除了产品的多品种、多规格，多花色等常规观念的发展外，近些年的装饰材料有如下一些发展特点：

1．轻质高强材料（图10—57、图10—58）的开发

由于现代建筑向高层发展，对材料的密度有了新的要求。从装饰材料的用材方面来看，越来越多地应用如铝合金这样的轻质高强材料；从工艺方面看，越来越多地采取中空、夹层、蜂窝状等形式制造轻质高强的装饰材料。此外，采用高强度纤维或聚合物与普通材料复合，也是提高装饰材料强度而降低其重量的方法。如近些年应用的铝合金型材、镁铝合金覆面纤维板、人造大理石及中空玻化砖等产品即是例子。

图10—57　透明亚克力板代替了传统玻璃，营造出轻盈灵动的空间环境（设计：李仙）

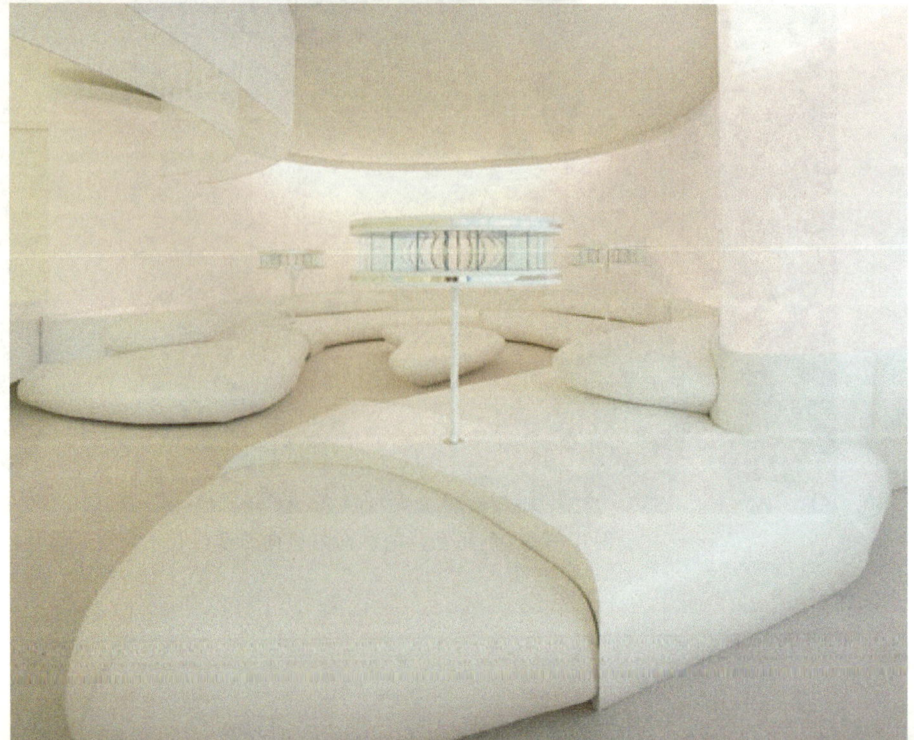

图10—58　轻型材料可以呈现出各种形态，白色的曲面设计宛若未来太空舱一般

2. 材料的多功能性（图10－59～图10－61）

近些年发展极快的镀膜玻璃、中空玻璃、夹层玻璃、热反射玻璃等，不仅调节了室内光线，也配合了室内的空气调节，节约了能源。各种发泡型、泡沫型吸声板乃至吸声涂料，不仅装饰了室内，还降低了噪声。以往常用作吊顶的软质吸声装饰纤维板已逐渐被矿棉吸声板所代替，原因是后者有极强的耐火性。对于现代高层建筑，防火性已是装饰材料不可缺少的指标之一。常用的装饰壁纸，现在也有了抗静电、防污染、报火警、防X射线、防虫蛀、防臭、隔热等不同功能和多种型号。

图10－59　现代装饰材料的发展不单是形态上的，更多是呈现出功能上的变化。新型玻璃与LED灯光相结合，呈现出变换迷离的空间

图10－60　玻璃窗可以随着光线的变化自动调节颜色

图10—61　防水壁纸让卫生间从单纯的瓷砖装饰中解脱出来

3．向大规格、高精度发展

陶瓷墙地砖以往的幅面均较小，现在多采用600mm×600mm、800mm×800mm，甚至有1000mm×1000mm的墙地砖。建筑装饰材料的发展趋势是大规格、高精度和薄型。

4．向规范化、系列化发展

装饰材料种类繁多，涉及专业面很广，具有跨行业、跨部门、跨地区的特点，在产品的规范化、系列化方面有一定难度。目前已初步形成门类品种较为齐全、标准较为规范的工业体系。但总体来说，尚有部分装饰材料产品尚未形成规范化和系列化，有待于进一步努力。

[能力训练]

作业名称：材料应用和标注

作业形式：在设计图上粘贴材料图片或者另外整理实物材料粘贴在一起。

作业要求：在平面图、立面图、顶棚图上标注材料名称，并尽可能将实物（或材料的图片）粘贴在一起。

课题十一 居住空间软装饰设计

课题概述：在现代居住空间设计中，趋势是“轻装修、重装饰”，即推崇软装饰。软装饰一般是指室内装修完毕之后，利用那些易更换、易变动位置的饰物与家具进行装饰。软装饰体现出主人的生活习惯、兴趣爱好及个性品位，也可以满足了人们自己动手参与设计的欲望。

学习目的：通过本课题的学习，认识软装饰在居住空间设计中的重要作用和基本的应用设计。

软装饰是相对于原建筑本身的硬结构空间提出的概念，是对室内视觉空间的延伸和发展。软装饰一般是指室内装修完毕之后，利用那些易更换、易变动位置的饰物与家具，如窗帘、沙发套、靠垫、工艺台布、绘画作品及装饰工艺品、装饰铁艺等，对室内的二度陈设与布置。家居饰品作为可移动的装修，更能体现主人的品位，是营造家居氛围的点睛之笔，它打破了传统的装修行业界限，将工艺品、纺织品、收藏品、灯具、花艺、植物等进行重新组合，形成一个新的理念。软装饰更可以根据居室空间的大小形状，主人的生活习惯、兴趣爱好和各自的经济情况，从整体上综合策划装饰装修设计方案，体现出主人的个性品位。如果家装太陈旧或已经过时，需要改变时，也不必花很多钱重新装修或更换家具，就能呈现出不同的面貌，给人以新鲜的感觉。

目前，“轻装修、重装饰”不再是一句口号，它的概念已经悄悄深入人心。人们对生活品质的追求正在不断提升，越来越多的人开始把目光投向室内装饰的品味、内涵和情趣。既要花钱少、费时少，又要满足人们可以自己动手设计和布置的欲望，这些已经成为人们进行居室装修必须考虑的因素。

一、软装饰的分类

1. 室内纺织品

室内纺织品亦可统称为“布艺”，是软装饰中使用最多的一种元素，范围从窗帘、纱、幔、床上用品、布艺沙发到地毯、壁挂和各房间的家具蒙面等均有涉及。

2. 书画作品

书画作品是营造室内空间艺术气氛的环境设计作品。多为中国的书法绘画；西方的油画、水彩画；装饰画等。

3. 室内景观绿化

室内景观绿化是装点和净化环境的重要手段，如山石、水景、植物等。

4. 工艺陈设品

工艺陈设品是点缀环境，体现品味的重要物件，如瓷器、玻璃器皿、书籍、挂件等。

5．灯具

灯具不仅可以用于照明，其式样造型、色彩材质都具有强烈的装饰效果。灯具可分为吊灯、壁灯、台灯及落地灯等。

二、软装饰在室内设计中的作用

软装饰对现代室内空间设计起到了烘托室内气氛、创造室内环境意境、丰富空间层次、强化室内环境风格、调节环境色彩等作用，毋庸置疑地对室内设计起到了画龙点睛的作用。

1．软装饰在居住空间中的衬托作用

无论是作为室内家具的摆放、工艺陈设，还是在室内活动的人，都需要有相应的背景作为衬托。例如，在客厅里使用羊毛毯、化纤毯等，都可以烘托室内气氛。在小的空间中，可适当在茶几下局部铺设地毯，更能体现出客厅的主题。利用沙发的靠垫或装饰布来增加温馨的气氛，也是改变家具颜色的最方便的方法。

图11—1、图11—2为软装饰衬托环境的示例。

图11—1　茶几与沙发下的深棕色地毯烘托出整个客厅的暖色调，并与墙上画的色调相搭配，使得整个空间协调而整体

图11–2　靠垫的色彩与窗帘装饰布的色彩统一

2．软装饰在居住空间中的装饰作用

软装饰的装饰作用就是美化室内环境，增强视觉美感，通过美观的装饰物的色泽、肌理、图案等给人以视觉美感，使空间里面的物体与环境协调统一，从而达到装饰的目的。

图11–3、图11–4为软装饰美化装饰环境的示例。

图11–3　图案与椅子线条的统一对空间的装饰性很强

图11–4　壁上装饰镜框与台灯的造型和谐统一，起到了很好的装饰作用

3. 软装饰在居住空间中的调整作用

由于软装饰的随意性大，便于更换，且能体现出不同的装饰风格和品味，因此可以利用这一优势对室内许多不理想的方面进行调整。

图11—5、图11—6所示为软装饰用于调整环境。

图11—5　平淡无奇的墙面，利用旧物改造后成为视觉的亮点

图11—6　本来纯白色的空间放入家具和装饰品之后，立刻呈现出层次丰富的空间布置

4．软装饰在居住空间中的分隔作用

现代室内设计的趋势是争取流动的、具有可变性和参与性的空间，而软装饰的利用，则是达到这种目的的重要手段。利用帘帐、织物屏风等划分室内空间，具有很大的灵活性和可控性，提高了空间的利用率和使用质量。

图11–7、图11–8所示为利用软装饰分隔空间的示例。

图11–7 中式窗的装饰将客厅与楼梯之间的空间区隔，使得整体空间显得通透，并强化了整体装修风格

图11–8 装饰性的网状物将楼梯空间与餐区空间进行了软化

5．软装饰在居住空间中的系列性

系列变化是渐变、渐次、退晕、层次、统一、和谐、整体等形式法则的主要表现。各种软装饰都有其自身的系列性，都可以构成系列变化，形成统一的风格。

图11–9～图11–12所示为成套、成系列的软装饰。

图11–9 造型、色彩和图案的统一，构成了现代主义家具的系列性

图11–10　中式的窗花，精致的
装饰品，有序的摆放，显得典雅高贵

图11–11　座椅、茶几的造型和色彩形成整体统一
的系列，在白色的基调里，显得精致而又轻松

图11–12　窗帘与坐垫在材质、图案、色彩上有了空间的系列整体性而显得统一

三、软装饰的设计

软装饰的设计是指对室内空间中所有需要进行安置、摆设、悬挂的物品，从其风格式样、材质面料、大小形状、色彩灯光等进行全方位、整体的设计。

图11–13、图11–14为经过整体设计的软装饰。

图11–13　柔软材质的大面积运用，让空间安静舒适

图11–14　纺织品用相似的颜色，协调了整个卧室的风格

1. 字画（图11-15～图11-18）

居室悬挂字画由来已久。我国古代画论有“坐卧高堂，究尽泉壑”之说。17世纪的欧洲，在客厅、卧室挂画已成为一种普遍的风气。在室内悬挂字画艺术作品，可以渲染艺术气氛、开拓视野、增添美感、陶冶思想情操、愉悦身心、联络情谊。然而，字画的悬挂是有讲究的，怎样悬挂才能显示出字画的艺术魅力呢？

“人要装，画要框”：一幅好的字画，最好能装裱或加框后再进行悬挂。中国字画以水墨为主调，画框要有流畅的线条，颜色一般用深棕色、黑褐色或黑色，这样才能与字画的格调统一，突出高雅、古朴的风格。油画的立体感、空间感、层次感、质感和色调感都很强，所以，油画必须镶进画框里，才能成为一件完整的艺术品。对于水彩画、摄影等艺术作品，画框镶上玻璃可使其装饰性更强。

色彩协调：字画的形式内容和色彩选择一定要考虑与居住空间的界面及家具的色彩搭配，这样才能营造出清新淡雅的意境。

采光合理：字画的悬挂与采光有着密切的联系，应将字画悬挂在采光好而又开阔的墙面上，如床边、迎面墙，书桌、茶几和沙发等低矮家具上方，而不宜挂在角落阴影处或高大家具旁。

高低疏密适宜：为便于欣赏，字画中心一般宜距离地面1500～1800mm处，这个高度正好处于人直立的平行视线的偏高位置上，因此看起来感到最为合适。另外，中国的书画宜疏不宜密，正所谓“室雅何须大，花香不在多”；而油画等艺术作品可以根据墙面空间的大小来选择画幅尺寸及字画数量，进行高低适宜、疏密有致的悬挂。

图11-15　白色与米色的家居和墙面配上白框的深色照片，对比强烈，整体效果突出

图11-16　现代风格的绘画作品配合现代风格的座椅，让整个空间充满艺术气息

图11–17　传统的中国书法使整个空间有了中国文化韵味

图11–18　楼梯步行空间点缀装饰画既简洁而又典雅

2. 室内绿化（图11–19～图11–22）

现代居住空间中常常应用植物来绿化空间环境，不仅有一定的净化环境、美化空间的作用，还能使室内充满生命活力。因此，在居住空间设计里，室内绿化也是不可缺少的主要内容之一。

常用绿色植物的空间设计：

(1) 门厅　靠墙角处可摆放暖色的大叶植物，表示对来客的热烈欢迎，如观音竹、仙客来等。

(2) 客厅　墙角、餐桌边、沙发转角处，可放一些细长的植物，如棕竹、散尾葵等。

(3) 卧室　在床头柜上可放一些干花。

(4) 阳台　以观叶植物为主。

(5) 书房　可布置盆景、吊兰，显得书香气十足，还可搭配西洋杜鹃、万年青等。

(6) 卫生间　墙上适当点缀一些花草即可。

图11-19 客厅的绿色植物很好地点缀了整个空间，使得整个用餐空间生气盎然

图11-20 植物特有的颜色与玻璃镜的搭配，呈现出自然而精致的美感，使得卫生间简洁大方的同时不失自然和活力

图11-21　榻榻米式的空间里，大小不一的绿色植物在中国画的衬托下格外静雅

图11-22　卫生间内采用了植物图案的窗帘，与窗台上的植物盆景相呼应

3. 室内灯光（图11-23～图11-26）

灯光是室内软装饰中最重要的元素之一。一是用于居室空间的照明；二是可以利用灯光照射的范围、强弱、造型光的色彩冷暖来装饰室内环境，限定空间，营造气氛。灯光既可营造出磅礴的气势，也可营造出温馨浪漫的气氛，还可以通过点光源形成视觉的中心，并利用其处理装饰中的死角暗角，从而得到别有韵味的情趣。

图11-23　大吊灯的设计，既照明又突出了空间的视觉中心，使视觉上具有舞台般的戏剧张力

图11—24　卧室设计为侧面灯光，投射在墙壁上，呈现出随意自然而又充满朦胧的美感

图11—25　此卫生间的照明除了阳台窗的自然光以外，还采用了灯带的照明方式，自然柔和

图11—26　客厅照明使用了漫反射、点光源和集中式照明，都是根据照明的区域需要而设计的

4. 工艺陈设品（图11-27～图11-32）

工艺陈设品就是我们常说的摆设。室内工艺陈设品的选择和布置，主要是要处理好陈设品和家具之间、陈设品和空间界面之间、陈设品和室内风格之间的造型样式、大小比例、色彩等关系。

（1）陈设品应与室内使用功能相一致　一幅画、一件雕塑、一副对联，它们的线条、色彩，不仅为了表现本身的题材，也应和空间场所相协调，只有这样才能反映不同的空间特色，形成独特的环境气氛，赋予深刻的文化内涵。

（2）陈设品的大小形状应与家具尺度形成良好的比例关系　陈设品如果过大，会使空间显得小而拥挤，过小又可能产生室内空间过于空旷，如沙发上的靠垫做得过大，使沙发显得很小，而过小则又如玩具一样很不相称。

（3）陈设品的色彩、材质也应与家具、装修色彩、材质整体协调　在色彩上可以采取对比的方式突出重点，起到改变室内气氛和情调的作用。例如，以无彩色系处理的室内色调偏于冷淡，常可利用一簇鲜艳的花卉，或一对暖色的灯具，使整个室内气氛活跃起来。也可采取色彩调和的方式，使家具和陈设之间相互呼应、彼此联系，形成整体的协调效果。

（4）陈设品的布置应与室内设计和家具风格形成统一的风格　在选择陈设品时，要充分考虑陈设品的风格式样是否与室内的风格和主要家具的风格适应，如中式风格的室内装饰适合选择青花陶瓷、木质装饰物等装饰品。

图11-27　中式的台灯、欧式的壁炉、现代风格的吊灯、民族风格的地毯，让整个空间相互融合，丰富而充满趣味

图11-28　书架是摆放装饰品最好的位置，而书籍本身也是一道风景

图11-29　书房背后博古架上的陶瓷器皿和陶罐干花等为环境增加了古朴的气息

图11-30　现代中式的设计在壁上点缀些许的窗格和书法作品，配上白瓷陶罐，既现代又古雅

图11—31　蓝色调的卫生间清凉洁净，特别是墙上的鱼形工艺陈设品，更强调了海洋的韵味

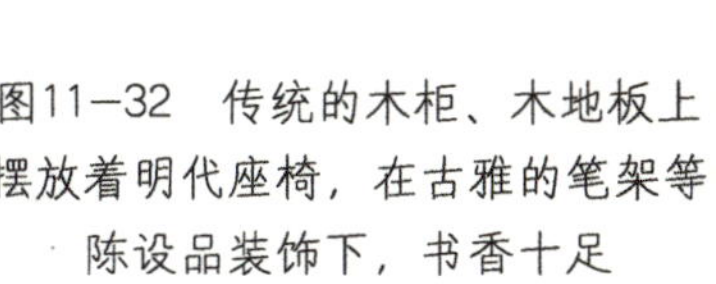

图11—32　传统的木柜、木地板上摆放着明代座椅，在古雅的笔架等陈设品装饰下，书香十足

四、软装饰对风格形式的强化作用

软装饰设计要注意营造整体风格。软装饰设计由于要涉及多种物品和材质，各种物品、材质之间的色彩、形状样式、大小、多少的搭配与呼应都会对室内整体风格产生很大的影响，甚至产生决定性的作用。因此，要想从整体上把握整个室内的风格，软装饰对风格的强化和完善是不可缺少的。为此，这里列举部分例子予以说明。

1．对欧式古典风格的强化（图11—33、图11—34）

欧式古典风格常采用精美的罗马帘、华贵的床罩与纯毛地毯，以及造型典雅的灯具和高贵的油画等软装饰来达到雍容华贵的装饰效果。常用的陈设品有蜡烛台、牛皮古铜架台灯、天然水晶吊灯、雕花铁架床等。需要注意的是应避免过于奢华的装饰破坏自然的家居气氛。

图11—33　欧式的雕花既精美又复古，烘托出整个空间高贵典雅的气质

图11—34　复而不古的欧式设计

2．对中式古典风格的强化（图11–35、图11–36）

中式古典风格以古雅淳厚为主，常见的、较为典雅的陈设品有匾额、书画、对联、屏风等，整体布局是中轴对称式的。碎花的窗帘、通透的帷幔、书香浓郁的卷轴字画以及水仙、文竹等绿色植物已成为中式古典风格中不可或缺的软装饰。

图11–35　屏风、花瓷瓶、碎花的窗帘、圈椅、坐垫等表现出一种新中式装饰风格

图11–36　中式的图案运用在现代风格的环境里面，使中式风格更为突出

3．对现代风格的强化（图11—37、图11—38）

现代风格强调功能至上，以实用、舒适为原则，没有标志性的软装饰，而以兼收并蓄为其特色。它主张简洁、明快的风格，侧重于科学、合理地利用室内空间，强调布置跟着功能走。材料大都可以使用，有一定的几何造型，易于清洁和维护。居室内的氛围随意、舒适、温馨，有时在局部可采用一些夸张、变形等手法，造成视觉上的冲击并体现个性。

图11—37　生动有趣的沙发造型配以墙画，很有现代感

图11—38　整个空间简约大方，通透大气，简单的直线条与圆形家具、灯具将现代主义的精髓展现得淋漓尽致

4．对日式风格的强化（图11—39、图11—40）

日式风格亦称和式风格，这种风格的特点是应用于面积较小的房间，其装饰简洁、淡雅。略高于地面的榻榻米平台是这种风格重要的组成要素。日式矮桌配上草席地毯，布艺或皮艺的轻质坐垫、纸糊的日式移门等都是常用的软装饰。日式风格不使用很多的装饰物去装点细节，所以整个室内显得格外干净,具有禅味。

图11—39　低矮的床与床头柜，细腻的木纹，柔软的纺织品，雅致的色调，都勾勒出舒适淡雅的日式风格

图11—40　运用原木色与白色的组合，呈现出清新日式风格

5. 对东南亚风格的强化（图11—41、图11—42）

东南亚风格是近年来较为流行的一种居室设计风格，充满神秘、婉约的异国情调。体现异域文化特色的装饰品、挂画与室内布艺的色调相结合，营造出一种柔软惬意的感觉。东南亚风格的流行，很大程度上源于消费者对欧陆风格的审美疲劳。挖掘东方神秘的文化意蕴，用棕榈、藤蔓编织出的装饰品休

闲、随意，也十分符合现代人的心理需求。

当然，通过软装饰来营造室内的整体风格不仅只有以上的几种方式，这里要特别提出的是，室内的软装饰设计一定要与前期室内装修设计的整体风格相统一，才能起到强化风格的作用，不然，就会形成整个居住空间室内的乱、花、散的感觉，不仅破坏了风格，最后还会变得没有风格。

图11—41　垂落的纱帘、高大的绿色植物，柔软的地毯放上靠垫，席地而坐即可感受东南亚的热带气息

图11—42　开敞的窗，绿色植物、藤蔓编织出的椅子沙发，蓝色的地面营造出了东南亚的风情

[能力训练]

作业名称：软装饰设计。

作业形式：对自己的设计作品或者其他的设计作品添加软装饰。

作业要求：在手绘图纸或在计算机上完成均可。

3

第三部分

应用与赏析

课题十二　典型设计案例

课题概述：本课题主要是选择一些比较典型的居住空间的设计案例，结合所讲的设计知识，对其具有特殊的、个性风格的设计应用进行引导欣赏和分析。

学习目的：通过本课题的学习，开阔眼界，拓展设计思维。

案例一

这是一套三室二厅一厨二卫的居住空间。主人对白色情有独钟，喜欢清爽干净的居住空间，不需要喧嚣的奢华，只需要简单安静的生活。房屋平面比较方正，在平面布置中，根据业主的需求，在满足使用功能下，没有进行过多繁琐的设计，没有对房屋格局进行大规模的修改。但在一些视觉和心理上容易令人产生不适的地方还是进行了修改设计，例如大门正对卫生间门，进行了隔断遮挡。厨房进行了半开敞式的处理，方便与餐厅空间的联系和操作。

图12–1～图12–8为本案例设计图。

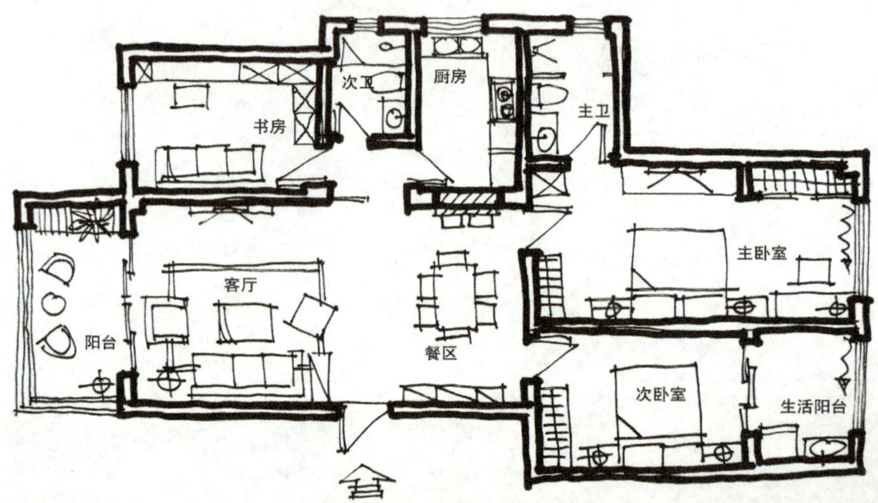

图12–1　平面图布置草图设计

图12–2　书房兼客房的设计采用了大面积的白色家具，与墙壁融为一体。加强了储物功能。在多功能沙发床的衬托下，空间显得轻松而空灵

图12–3　卧室设计突出色彩的空间层次，从纯白到奶白、米色、浅咖啡，哑光与亮光的组合叠加，强调了色彩的层次渐变，表现出了时而轻快时而舒缓的空间节奏

图12–4　主卫生间以功能实用为主，突出人在使用时的行为便利。墙砖色彩以米白色为基调，表现出高贵典雅的气质

图12–5　厨房与餐厅之间的交流空间。这里既方便了厨房食物的递送，也让厨房有一个与外界交流的机会，还可以当作便餐吧台使用，是整个设计的一个亮点

图12–6　餐厅同样以白色调为主，原木色的桌椅、蓝色的门洞、驼色的地砖，让整个环境充满着特有的情调

图12–7　大门正对着卫生间的门，只要加一个简单的玻璃隔断，就虚化了视觉上的直视感觉，同时也不会让过道空间变得窄小局促

图12-8　家居软装饰同样是设计的重要环节。沙发后背墙上是三幅一体的主题画，抽象的图案充满了时尚感。黑色的方形沙发和米色的皮质沙发搭配着白色条纹的靠垫，做到了色彩上的协调呼应

案例二

这是一套一室一厅一厨一卫的居住空间。房屋主人向往蓝天白云，希望把地中海风情带回家。整体设计风格以蓝白相间为主调，搭配铁艺、纱幔、条纹、拱门等欧式元素，营造出一种都市中的度假风情。房屋平面布局注重使用功能的设计，把户外景观阳台设计成一个休闲书房，充分利用了面积。同时，为了克服面积上的狭小，把厨房设计成开敞式，拓展了视线。图12-9～图12-18为本案例设计图。

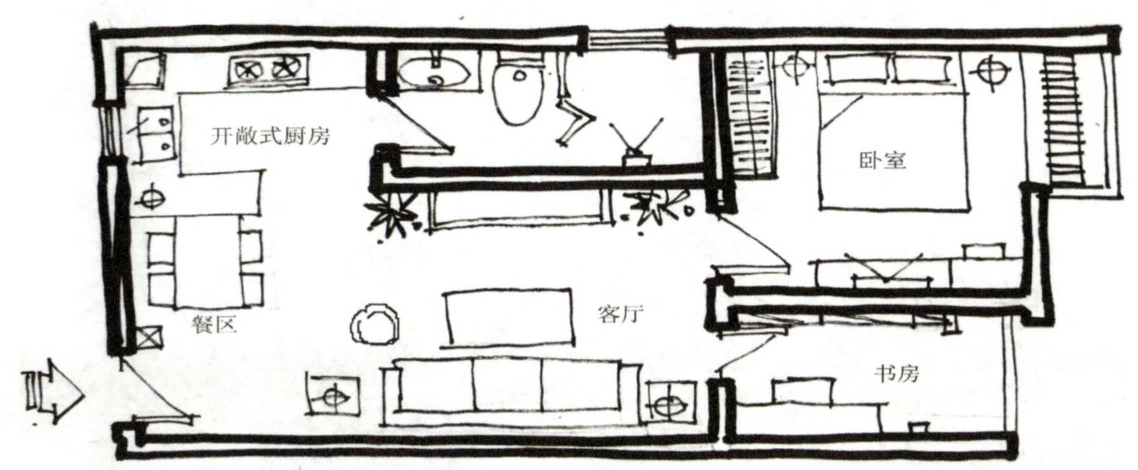

图12-9　平面图设计

图12–10　为了满足主人的地中海风格情结，设计师在造型设计时采用了拱门的形式，利用了铁花吊灯和壁灯。蓝白色的基调，在蓝白条的地毯衬托下，地中海风味十足

图12–11　客厅的布局紧凑而不显得拥挤，使用原木假梁，配合深邃的海蓝色和纯净的白色，打造出一个充满浪漫情怀的祥和环境

图12–12　业主摒弃了电视墙，设计了一个欧式壁炉，营造出浓郁的欧式韵味

图12–13　为了让小户型拥有大空间，厨房采用开放式，橱柜也选用了蓝色系，搭配橘红色的仿古瓷砖，统一之中有对比，别有一番韵味

图12-14 弧形拱门的设计使厨房与用餐区连成一片，形成通透的整体，室内空间变大。墙面上的挂盘，蓝色雕花椅子、蓝白格子餐桌布等地中海元素让整个空间协调统一

图12-15 卧室通透、明亮、宽敞、随意，主色调的蓝似乎带来海滨微微吹过的风，沁人心脾。白色的纱幔挂在蓝色的墙上，让人幻想着迎面吹来爱琴海的海风

图12-16　由景观阳台改建而成的书房小巧却五脏俱全，合理地安排了书桌和书柜，预留出了阳台空间，方便晾晒衣物。落地的玻璃滑门既让视线开阔，又不会阻挡阳光

图12-17　清爽舒适的卫生间用蓝色和白色的马赛克铺就，个性十足又不失优雅

图12-18　房屋的软装搭配处处显示出主人的生活品味。蓝色的茶几，蓝白条纹的靠垫，地中海风情吊灯，壁灯，拱门等，都让整个空间协调纯粹

案例三

这是一套现代风格的LOFT公寓，有上下两层，上层安排成主人的休息区域，下层是待客的客厅与餐厅。考虑到业主是一个人居住，所以空间设计上采用开敞式设计，用不一样的楼层安排，自然地分隔出了私密空间与公共空间。特别是6m层高的客厅，让整个空间显得大气而不局促，让小户型也表现出大空间的气质。在设计中，造型以直线形为主要的设计元素，简洁大方；材料设计中大量使用玻璃和镜面，以增强空间通透和伸延感；色彩以乳白和米黄为主，显得干净明快，现代感强。

图12–19～图12–28所示为本案例设计图。

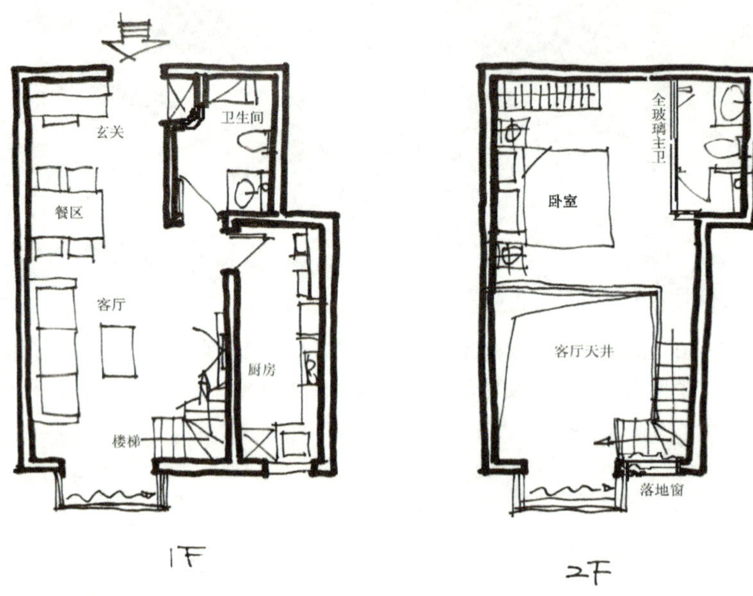

图12–19　LOFT公寓平面设计图。此设计根据房屋户型及功能第一的原则，利用其建筑的功能分区，将其分为动静两大区域，既满足了功能上私密空间与公共空间的使用要求，又满足了主人的个人喜好

图12–20　虽然室内空间不大，但玄关的功能不能少，在入户玄关处设计了简洁的白色鞋柜，壁上的装饰画体现了"轻装修、重装饰"的设计理念。漫射灯槽让空间气质典雅，小空间也可以有变化

图12–21　餐桌下的深色地毯起到了划分空间的作用，精巧的用餐区与玄关空间连通，桌上的镜面、透明的座椅、玻璃吊灯和玻璃餐具都使原本不大的空间得到了延伸和拓展

图12—22　餐厅和客厅连在一起，增加了空间的利用范围，用顶棚造型将两个空间自然地区分开来

图12—23　卫生间使用红色与白色的组合，让空间充满现代感，拼花的马赛克墙面让红白相间的空间一下子精彩起来，不会显得单调

图12—24　客厅6m的层高无疑是整个家设计的亮点，沙发背后的墙面采用了横向的镜面条形设计，一则从视觉上使空间有横向感，二则通过条形镜面的反射，也使原本玄关、餐厅、客厅相连成长形的空间，在视觉上得到了拓宽

图12–25　客厅采用了大面积的落地玻璃墙与镜面，让小空间在视觉和心理上增大了空间面积

图12–26　从二楼的卧室通向一楼客厅处，大面积的落地窗与垂吊的水晶吊灯让小空间也可以变得豪华。白色石材的楼梯跟整个设计协调统一

图12–27　二楼卧室采用透明的淋浴房，让本来狭小的空间在视觉上扩大，贴镜面的衣柜门板也可产生同样的效果

图12–28　床头软包设计让整个卧室温馨典雅。二楼用玻璃栏杆外包不锈钢扶手，让整个居室通透而充满现代感

案例四（设计：刘怀敏、唐志勇）

此套住宅为跃层，业主夫妻都是从事教育招生和培训事业的高学历人士，爱好广泛，喜欢读书，对中外文化有浓厚的兴趣，特别是对中国传统文化更是喜爱，这就为设计师整个设计思路和风格表现提供了设计的方向。

1．功能设计

设计以满足功能需求为前提，将玄关与用餐区设计在一起。由于业主家里常居人口只有三人。但来往朋友却较多，而跃层空间又较大，所以将一楼的功能主要设计为动态区，如客厅、棋牌室、观景阳台等，以作用餐、会客交友、娱乐休闲之用。同时，在一楼也设有客卧和卫生间。二楼的静态区主要是业主睡觉休息和读书品茶的地方，所以，将主卧、书房和茶室设计在二楼。

2．风格设计

根据业主的职业特性和喜好，整个室内设计风格以简洁的中式风格设计为主。在造型方面大量采用了中国式的窗格等元素。在材料的应用上，主要是用木质材料来铺设地面和制作家具。家具和陈设均以中式风格为主，兼用一些欧式的座椅配搭，来表现主人的兴趣爱好。在后期的软装饰选择和摆设上也是以这种风格来进行设计应用，从最终的装饰效果来看，达到了这一设计的目的。

3．色彩设计

整套住宅空间的色彩设计以红褐色为基调，色彩对比较强，动态区域的客厅地面、卫生间等的色彩为浅黄，与家具沙发及电视墙黄色的背景呼应协调。另外，书房、卧室的家具及博古架、餐桌座椅、隔断、门与木地板等的色彩都统一在了红褐色中，使整个空间的色彩传达出了中国传统文化的历史厚重感。

图12–29～图12–46所示为本方案设计图。

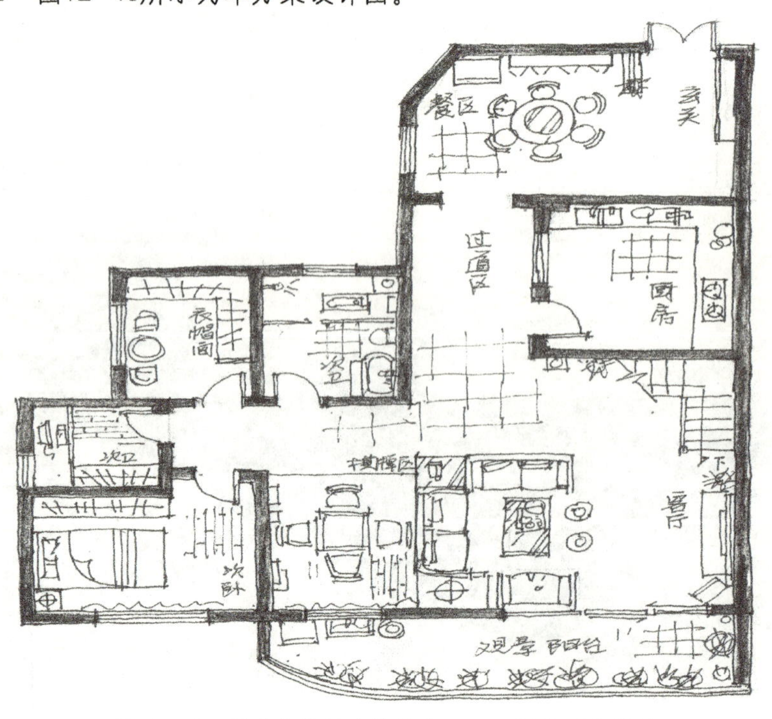

图12–29　以功能设计为前提的一、二楼平面布置图

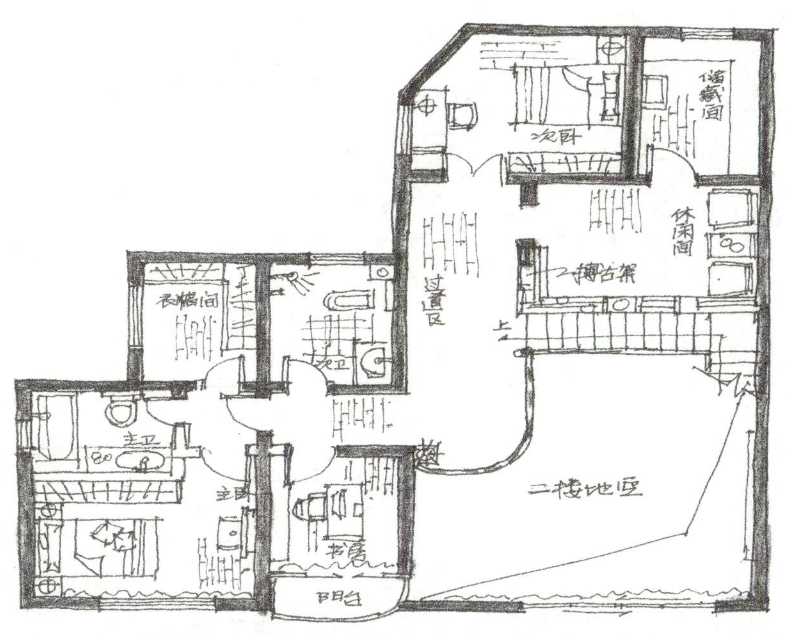

图12–29　以功能设计为前提的一、二楼平面布置图（续）

图12–30　玄关空间通过隔断与餐区既有联系，彼此又相对独立，同时又与厨房相连

图12-31　厨房设计的是整体橱柜，商家可以上门服务，可根据厨房的形状大小、材质和色彩来设计制作。此厨房采用了与木地板色彩统一的红褐色。另外，厨房的墙面宜用瓷砖满贴，方便清洁

图12-32　客厅与棋牌区域通过沙发自然划分出两个不同的使用空间，又使整个空间显得通透而大气

图12—33　由于是跃层，其客厅区域的空间很高，所以电视墙的设计成为了整个住宅空间的重点，使其既要豪华气派，更要显示出主人的职业特征与文化喜好。设计师在此使用了茶色玻璃，既拓延了空间，又将一、二层楼连接在一起，更重要的是以大面积的中国书法进行衬托，使之大而不堵，色彩与环境统一，整体显得十分大气

图12—34　家具与门的色彩，包括沙发的式样和靠垫的图案、坐凳等都符合中式设计的理念

图12–35　以具有强烈的中式风格的吊灯作为中心，适当地压低并调节了空间，又与落地窗帘、二楼的木栏杆及顶棚的造型融为一体，韵味十足

图12–36　卫生间以白玻璃作为隔断，既不影响整个空间的视觉效果，又将其分成了干湿两个功能区域

图12–37 通过升高地台划分出一个开敞的棋牌区，墙面的装饰物柜与装饰品在带有欧式味道的座椅、吊灯及窗幔的混搭下，统一中又有变化

图12–38 客房功能为临时之用，所以在室内家具设计时，应简洁实用

图12-39　将不大的空间设计成橱柜，作为储藏收纳空间

图12-40　木楼梯、雕木扶手与二楼悬挑的观景台扶手连成一体，从而将地面在视觉和材质上伸延到了楼上

图12—41　阳台作为室内与室外的连接空间，应尽可能保持开敞，使室内阳光充分足、空气流畅

图12—42　二楼楼梯口设计了博古架，与过道的木地板、扶手雕木栏杆及墙面的中国画一起构成了一个中式的文化空间

图12–43　主卧室红色的床单、木地板、落地窗帘、壁纸装饰画和木顶灯等使空间显得怡人、温馨

图12–44　书房整体为红褐色调，木质材料表现出了古朴厚重的感觉

图12–45　主卫生间根据原建筑空间设计了浴缸、洗手池和坐便器，墙面注意采用了仿古砖，其色彩与地面相互呼应

图12–46　室内的陈设品也是根据室内设计的风格去选择和搭配的

参考文献

[1] 张绮曼，郑曙旸．室内设计资料集[M]．北京：中国建筑工业出版社，1991．

[2] 史坦利・亚伯克隆比，赵梦琳．室内设计哲学[M]．天津：天津大学出版社，2009．

[3] 巨天中．风水与现代家居[M]．长春：吉林科学技术出版社，2007．

[4] 来增祥，陆震纬．室内设计原理[M]．2版．北京：中国建筑工业出版社，2006．

[5] 崔东晖．居室空间设计基础[M]．沈阳：辽宁美术出版社，2010．

[6] 布伦达・格兰特–海斯，金伯利・米库拉．居住空间色彩[M]．杨旭华，汤宏铭，周智勇，译．北京：中国水利水电出版社，2006．

[7] 李映彤．居住空间设计[M]．北京：化学工业出版社，2010．

[8] 吴锐，钟汉华，邵无纯，等．建筑与装饰材料[M]．北京：人民交通出版社，2011．

[9] 隋洋．室内设计原理[M]．长春：吉林美术出版社，2007．